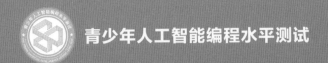

青少年人工智能编程水平测试

信通 社区
ICT BOOKS

人工智能 [编程] [实践]
Python 编程5级

青少年人工智能编程水平测试
（5级）官方指定教程

■ 青少年人工智能编程水平测试标准制定委员会　指导
■ 高凯 主编　　李柏翰 罗晶 薛莲 副主编

U0129786

level ⑤
共 16 课

人民邮电出版社
北　京

图书在版编目（CIP）数据

人工智能编程实践. Python编程5级 / 高凯主编. --
北京：人民邮电出版社，2022.3
ISBN 978-7-115-58258-4

Ⅰ．①人… Ⅱ．①高… Ⅲ．①人工智能－程序设计－
教材②软件工具－程序设计－教材 Ⅳ．①TP18
②TP311.561

中国版本图书馆CIP数据核字(2021)第261633号

内 容 提 要

青少年人工智能编程水平测试涵盖从数学逻辑到计算思维、从拖曳程序模块到程序编写、从数学建模到算法设计等多学科知识，能够对学生的多学科知识综合运用能力做出评价；能够通过设计的具体解决方案，对学生的计算思维、创造性思维等能力做出评价；在具体的解决方案中，能够通过设计算法模型和实现算法，对学生掌握和运用编程的能力做出评价。

本书将生活中的一些案例和程序算法相结合，深入浅出地为学生讲解不同进制之间的转换、函数的作用域、字符串和列表的基本概念、排序算法等内容，引导学生对 Python 语言进行思考和实践，帮助学生从编程意识、编程思维、编程学习与创新等层面进行学习，掌握 Python 编程语言。

本书内容丰富、层次清晰、图文并茂，既可作为青少年人工智能编程水平测试 5 级（Python）的辅导用书，也可作为校内、校外编程与人工智能相关课程的参考书（适合两学期教学）。

◆ 主　编　高　凯

副主编　李柏翰　罗　晶　薛　莲

责任编辑　周　明

责任印制　陈　犇

◆ 人民邮电出版社出版发行　　北京市丰台区成寿寺路 11 号

邮编　100164　　电子邮件　315@ptpress.com.cn

网址　https://www.ptpress.com.cn

雅迪云印（天津）科技有限公司印刷

◆ 开本：787×1092　1/16

印张：9.5　　　　　　　　　　2022 年 3 月第 1 版

字数：121 千字　　　　　　　2022 年 3 月天津第 1 次印刷

定价：69.00 元

读者服务热线：(010)81055493　印装质量热线：(010)81055316
反盗版热线：(010)81055315
广告经营许可证：京东市监广登字 20170147 号

前言

　　随着人工智能技术的发展，我们已经进入了人工智能时代，学习编程可以提高人的逻辑思维能力和解决问题的能力，其重要性不言而喻，编程将成为未来社会人们的应备技能之一。

　　青少年人工智能编程水平测试能力模型从基本学科知识的综合应用、问题的多层次解析、解决方案的设计等多个维度对学生的综合能力和综合素养进行评价。青少年人工智能编程水平测试涵盖从数学逻辑到计算思维、从拖曳程序模块到程序编写、从数学建模到算法设计等多学科知识，能够对学生的多学科知识综合运用的能力做出评价；能够通过设计的具体解决方案，对学生的计算思维、创造性思维等能力做出评价；在具体的解决方案中，能够通过设计算法模型和实现算法，对学生掌握和运用编程的能力做出评价。

　　青少年人工智能编程水平测试体系分为 8 级（1~8 级），难度逐级提升，为应试人员的实习、进修等提供编程体系能力水平的证明，主要适用人群包括但不限于学龄前儿童、小学生、中学生、大学生和从业人员。

　　本书共 16 课，对应 16 个课时（见下表），读者通过学习本书，可以更深入地了解 Python 的基本算法，对算法进行思考和实践，能够使用 Python 编程解决实际问题，并实现各种功能。希望本书能让青少年走进编程，爱上编程，成为未来社会的主力创造者。

序号	标题	知识探索	程序设计
1	手指能表示的数	二进制数与十进制数的转换	使用"除 2 取余，逆序排列"的方法实现二进制数和十进制数的转换
2	不同进制之间的转换	十六进制数与二进制数、十进制数的转换	使用进制转换函数进行不同进制之间的转换
3	我的"地盘"我做主	函数的作用域、返回值等概念	编程实现函数变量的作用域、函数的传递、函数返回值的应用
4	神秘的信息——了解序列	字符串和列表的基本概念	编程实现列表和字符串元素的转换和排序
5	打开仓库的钥匙——认识元组	元组的结构和基本概念	编程实现元组中元素的增、删、改、查

续表

序号	标题	知识探索	程序设计
6	数据大 PK	集合的结构和基本概念	编程实现集合的增、删、改、查
7	征服恺撒密码	列表的多种函数的使用方法	编程实现列表的最大值、最小值、平均值和元素的求和
8	算法概述	枚举法和二分查找的使用方法	编程解决"百钱百鸡"问题和猜数游戏
9	插入排序法	插入排序算法的基本原理	编写使用插入排序算法对数据进行排列的程序
10	选择排序法	选择排序算法的基本原理	编写使用选择排序算法对数据进行排列的程序
11	冒泡排序法	冒泡排序算法的基本原理	编写使用冒泡排序算法对数据进行排列的程序
12	鸡兔同笼问题	range() 函数和自定义函数的使用方法	编程解决与二元一次方程相关的问题
13	有"模"有样	模块的概念和使用方法	使用模块，编程实现日期的获取和计算
14	安装第三方模块	第三方模块的概念	实现 pygame 模块的安装和游戏窗口的创建
15	游戏设计初步	游戏实现的基本原理	编程实现游戏背景、角色的设定，以及角色的移动功能
16	边缘检测与角色碰撞	游戏角色碰撞和边缘检测的基本原理	编程实现游戏角色的跑动、碰撞和边缘检测的效果

编者

2021 年 11 月

序幕 嗨，你好，小伙伴！

我叫小明，喜欢一切新奇的事物。你是不是和我一样呢？我们做朋友好吗？

我特别特别想告诉你一个秘密，这个秘密藏在我心里好久好久了，因为它太离奇了，要是和同学们讲，他们一定会笑话我异想天开、不切实际的。但是，我想我的好朋友一定会认真听我讲，而且会相信我说的一切，对吗？你，愿不愿意听呢？

这一个关于我和神秘星球的故事，主人公当然是我喽！还有一个古灵精怪的小家伙，名字叫艾罗。但是这个艾罗不是艾罗，原来有一个艾罗……乱了乱了，唉，怎么说呢，你是不是也听糊涂了？

让我整理一下思路，慢慢讲给你听……

那是一个周末的下午，爸爸送给我一个机器熊猫当作生日礼物，我太喜欢它了，给它取了个名字叫艾罗，我想每天开开心心地和它玩。正当我和艾罗在院子里玩角色扮演的游戏时，突然眼前被一片黑影遮挡了视线，伴随着"砰"的一声巨大响动，一个我从未见过的奇奇怪怪的东西出现在了我的面前，他还发出两道异样的光线，照得我睁不开眼睛。他是人吗？不，肯定不是！他是怪物吗？呃，倒也不是那么恐怖。那，他是机器人？也不太像……

突然，我想到了爸爸曾经告诉我的传奇故事，他是不是一个外星人呢？我揉了揉眼睛，看得更清楚了，天哪，他好像真的是外星人！两道光就是从他的眼睛里发射出来的。他一摇一晃地走到了我面前——可以用"走"这个词吧，只是他的姿势太怪异了。他突然对我手里抱着的艾罗产生了好奇，趁我不备一下子抢了过去，把我吓了一跳，我都呆住了。我动也不敢动，不知道他要干什么。他似乎对艾罗没有攻击性，来回来去地看了又看，然后神奇的事情发生了，只听"砰"的一声，他变成了艾罗。

在这之后，我和外星人艾罗（他给自己起的地球名字）一起经历了好多好多稀奇古怪、有惊无险的事情，慢慢地，我和他成了很好的朋友。通过他，我知道了许多从未知道的事情，也了解到了关于地球以外的神秘星球的故事。

那你还有耐心听我讲吗？嗯，我知道你一定想听对不对，那么现在我邀请你加入我和艾罗的神奇过往吧！

目录

1 手指能表示的数

1.1 学习目标

1. 学习进制和计算。

2. 掌握"除以 2 取余，逆序排列"的方法。

3. 掌握十进制数与二进制数之间的转换方法。

1.2 情境导入

小明正在房间里写作业，艾罗走进小明的房间，问道："今天都学了什么啊？"

小明："今天在数学课上，我们学习了认识钟表和时间换算的方法。"

艾罗："哦？那我来考考你，你知道 1 小时等于多少秒吗？"

小明："这还不简单，当然是 3600 秒了。"

艾罗："不错，那你知道时间的转换是多少进制的吗？"

小明："是六十进制。"

艾罗："你还知道其他进制吗？"

小明："不知道了，你快告诉我吧。"

艾罗："生活中，常用的是十进制。比如，我们在数数的时候，一般

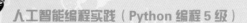

都会从 1 数到 9，进位是 10。计算机中使用的是二进制，用 0 和 1 两个数字来表示。"

小明："原来还有这么多不同的进制啊。那怎么用不同进制表示同一个数呢？"

艾罗："这个问题问得好，不同进制之间可以相互转换，下面我们就来学习。"

1.3 知识讲解

很早以前，我国就已经用十进制来记录数字了。在《数述记遗》和《孙子算经》中就记载了十进制计数的方法。

1.3.1 进制

进位制是一种计数方法，也称进位计数法，可以用有限的数字符号代表所有的数值。可作为数字符号使用的数称为基数或底数，若基数为 n，即可称为 n 进位制，简称 n 进制。最常用的是十进制，通常使用阿拉伯数字 0~9 进行计数。

对于任何一个数，我们都可以用不同的进制来表示。比如：十进制数 57，可以表示为二进制数（111001）$_2$ 或五进制数（212）$_5$ 或八进制数（71）$_8$，也可以用十六进制数（39）$_{16}$ 来表示，它们所代表的数值都是一样的。在生活中，不同进制都会有所体现，比如 7 天为 1 周，这就是典型的七进制；1min 等于 60s，这就是六十进制。

1.3.2 二进制

在计算机领域，二进制是一种常用的进制方法。二进制主要有两个特点：它由两个数字 0 和 1 组成，二进制数的运算规律是逢 2 进 1。在数学和数字电路中，二进制是指以 2 为基数的计数系统。在这一系统中，通常用两个不同的符号 0 和 1 来表示。在数字电路中，0 和 1 分别可以表示电路的断和通，也就是没有电和有电两种状态。逻辑门的实现直接应用了二进制，因此现代计算机和依赖计算机的设备都使用二进制。

1.3.3　二进制的计算

二进制数采用位置计数法，位权是以 2 为底的幂。二进制数一般写为：$(a^{n-1}a^{n-2}\cdots a^1a^0.a^{-1}\cdots a^{-m})_2$。

例如，二进制数（110.11）$_2$ 的权的大小顺序为 2^2、2^1、2^0、2^{-1}、2^{-2}。对于有 n 位整数、m 位小数的二进制数，用加权系数展开式可表示为：

$$(a^{n-1}a^{n-2}\cdots a^1a^0.a^{-1}\cdots a^{-m})_2 = a^{n-1}\times 2^{n-1}+a^{n-2}\times 2^{n-2}+\cdots +a^1\times 2^1+a^0\times 2^0+a^{-1}\times 2^{-1}+a^{-2}\times 2^{-2}+\cdots +a^{-m}\times 2^{-m}$$

1.3.4　二进制数的加、减、乘、除运算

二进制的加法运算有 4 种情况：0+0=0，0+1=1，1+0=1，1+1=10（0 进位为 1）。二进制的乘法运算有 4 种情况：0×0=0，1×0=0，0×1=0，1×1=1。二进制的减法运算有 4 种情况：0-0=0，1-0=1，1-1=0，0-1=1。二进制的除法运算有两种情况（除数只能为 1）：0÷1=0，1÷1=1。

1.3.5　十进制整数转换为二进制整数

十进制整数转换为二进制整数采用"除以 2 取余，逆序排列"的方法。具体做法是：用 2 除该十进制整数，可以得到一个商和余数，再用 2 除得到的商，又会得到一个商和余数……如此进行，直至商等于 0 为止。然后将先得到的余数作为二进制数的低位有效位，后得到的余数作为二进制数的高位有效位，并将其依次排列起来。

1.4　实践任务

任务 1：将二进制数（111.01）$_2$ 写成加权系数的形式。

根据加权系数展开式，二进制数（111.01）$_2$ 可表示为以下形式。

$(111.01)_2 = (1 \times 2^2) + (1 \times 2^1) + (1 \times 2^0) + (0 \times 2^{-1}) + (1 \times 2^{-2})$

任务 2：将二进制数（1001）$_2$ 和（0101）$_2$ 的算术运算表示出来。

根据二进制数的加、减、乘、除运算法则，二进制数（1001）$_2$ 和（0101）$_2$ 的算术运算如图 1-1 所示。

$$
\begin{array}{ll}
\text{加法运算} & \text{减法运算} \\
\begin{array}{r} 1\,0\,0\,1 \\ +\,0\,1\,0\,1 \\ \hline 1\,1\,1\,0 \end{array} &
\begin{array}{r} 1\,0\,0\,1 \\ -\,0\,1\,0\,1 \\ \hline 0\,1\,0\,0 \end{array}
\end{array}
$$

$$
\begin{array}{ll}
\text{乘法运算} & \text{除法运算} \\
\begin{array}{r} 1\,0\,0\,1 \\ \times\,0\,1\,0\,1 \\ \hline 1\,0\,0\,1 \\ 0\,0\,0\,0 \\ 1\,0\,0\,1 \\ 0\,0\,0\,0 \\ \hline 0\,1\,0\,1\,1\,0\,1 \end{array} &
\begin{array}{r} 1.11\cdots \\ 0\,1\,0\,1\,/\overline{1\,0\,0\,1} \\ \underline{0\,1\,0\,1} \\ 1\,0\,0\,0 \\ \underline{0\,1\,0\,1} \\ 0\,1\,1\,1 \\ \underline{0\,1\,0\,1} \\ 0\,0\,1\,0 \end{array}
\end{array}
$$

图1-1　两个二进制数的算术运算

任务 3：将十进制数 125 转换为二进制数。

根据"除以 2 取余，逆序排列"方法，将十进制数 125 转换为二进制数的过程如图 1-2 所示。

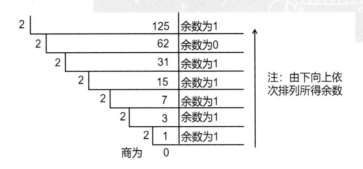

图1-2 十进制数125转换为二进制数的过程

因此，所得二进制数为：1111101。

1.5 思维拓展

在人们自发采用的进位制中，十进制是使用最普遍的一种。某种意义上说，成语"屈指可数"就描述了一个简单计数的场景，而人类在需要计数的时候，首先想到的就是利用手指进行计数。

数值本身是数学上一个抽象的概念。经过长期的演化、融合、选择和淘汰，系统简便、功能全面的十进制计数法就成了一种主流的计数方法。我们从小就学习十进制计数法，例如，盘中放了10个苹果，通过数苹果，我们可以抽象出"10"这一数值，它在我们脑海中以"10"这个十进制编码的形式进行存放和显示，而不是其他形式。从这一角度来说，十进制编码几乎就是数值本身。

在数制中，各位数字所表示值的大小不仅与该数字本身的大小有关，还与该数字所在的位置有关，我们将其称为数的位权。十进制数的位权是以10为底的幂，二进制数的位权是以2为底的幂，十六进制数的位权是以16为底的幂。数位由高向低，以降幂的方式排列。

1.6　巩固练习

1. 将十进制数 10、12、14、16、18、20、22 转换为二进制数后分别是多少？

2. 判断下列说法是否正确，正确的在括号中画"√"，错误的在括号中画"×"。

（1）十进制数 15 可以用二进制数 $(1111)_2$ 来表示。　（　　　）

（2）十进制数 28 可以用二进制数 $(11000)_2$ 来表示。　（　　　）

1.7　自我评价

知识达成		☆ ☆ ☆ ☆ ☆
能力达成	巩固练习 1	☆ ☆ ☆ ☆ ☆
	巩固练习 2	☆ ☆ ☆ ☆ ☆
总评		☆ ☆ ☆ ☆ ☆

2.1 学习目标

1. 了解十六进制的定义。

2. 掌握十进制数与十六进制数的转换方法。

3. 掌握二进制数与十六进制数的转换方法。

4. 掌握进制转换函数的使用方法。

2.2 情境导入

小明放学回家，正在房间里写作业，艾罗走进房间，问："昨天学习的十进制数转换为二进制数掌握得怎么样了？"

小明："我已经掌握了，你可以考考我。"

艾罗："那我来考考你，十进制数 45 转换为二进制数是多少？"

小明："这还不简单，当然是 101101 了。"

艾罗："真不错，那你知道十进制数 45 转换为十六进制数是多少吗？"

小明："这我还真不知道。"

艾罗："我来告诉你吧，是 2D。"

小明："十六进制是什么呢？"

艾罗："在数学中，十六进制是一种逢 16 进 1 的进位制。一般用数字

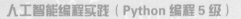

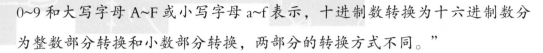

0~9 和大写字母 A~F 或小写字母 a~f 表示，十进制数转换为十六进制数分为整数部分转换和小数部分转换，两部分的转换方式不同。"

小明："原来还可以转换成其他不同类型的进制啊，那不同进制之间该如何转换呢？"

艾罗："这个问题问得好，今天我们就来学习不同进制之间的转换方法。"

2.3　知识讲解

2.3.1　十六进制

在数学中，十六进制（简写为 hex 或下标为 16）是一种逢 16 进 1 的进位制。一般用数字 0~9 和字母 A~F（或 a~f）表示，其中，A~F（或 a~f）表示数字 10~15。例如十进制数 57，写成二进制数是 $(111001)_2$，写成十六进制数是 $(39)_{16}$。

我国在质量单位上使用过十六进制。例如，古代人们规定 16 两为 1 斤。如今的十六进制则普遍应用在计算机领域，因为将 4 个位元（bit）转换为单独的十六进制数并不困难。1 字节可以表示为 2 个连续的十六进制数，可是这种混合表示法容易令人混淆，因此需要用一些字首、字尾或下标来表示。

十六进制数的基数是 16，各位的权以 16 的 n 次幂进行标识。表示十六进制数时，通常在数字的右下角标注 16 或 H，但在 C 语言中，需要在数的前面加数字 0 和字母 X（或 x），即以 0X（或 0x）来表示十六进制数。例如，十六进制数 12AF 在 C 语言中表示为 0X12AF。

十六进制数加、减法的进、借位规则是：借 1 当 16，逢 16 进 1。十六进制数同二进制数一样，也可以写成展开式的形式。

十六进制数具有两个特点：字母 A、B、C、D、E、F 分别表示数字 10～15；计数到字母 F 后，若再增加数字，就需要进位。十六进制数是计算机中较常用的一种计数方法，它可以弥补二进制数书写位数过长的不足。

2.3.2 十进制数与十六进制数的转换

十进制数与十六进制数的转换分为整数部分转换和小数部分转换。

（1）整数部分的转换方法：采用"除以 16，倒取余"的方法。例如，将十进制数 279 转换为十六进制数。

首先，用十进制数 279 除以 16，得到商 17 和余数 7；再用得到的商 17 除以 16，得到商 1 和余数 1；再用上一步得到的商 1 除以 16，得到商 0 和余数 1。当得到的商为 0 时，将每次得到的余数倒着取，即把最后一位余数放到第一位，把第一次得到的余数放到最后一位，所以十进制数 279 转换成十六进制数就是（117）$_{16}$。

（2）小数部分的转换方法：采用"乘以 16，顺取整"的方法。例如，将十进制数 0.85 转换为十六进制数。

首先，0.85 乘以 16 得 13.6，取整数 13（即十六进制的 D）；再用上一步得到的积的小数部分 0.6 乘以 16 得 9.6，取整数 9；再用 0.6 乘以 16，得 9.6，取整数 9；依次进行下去，直到小数部分等于 0 为止，或者到满足一定的精确度为止。然后把得到的整数按照顺序取出来，最终得到十六进制数（0.D99）$_{16}$。

2.3.3 二进制数与十六进制数的转换

二进制数与十六进制数的转换可以采用"取四合一"法，若二进制数有小数点，即以二进制的小数点为分界点，向左（向右）每 4 位取成 1 位，将这 4 位二进制数按权相加得到一位数，然后将得到的数按顺序进行排列，小数点的位置不变，得到的数字就是所求的十六进制数。若二进制数没有

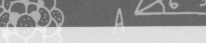
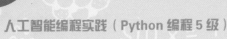
小数点，只需按照整数部分的转换方法进行转换即可。如果向左（向右）取 4 位，取到最高（最低）位不够 4 位时，则可以在小数点的最左边（最右边），即整数的最高位（或小数的最低位）添 0，补足 4 位。

例如，将二进制数（11010111）$_2$转换为十六进制数的步骤如下：

（1）0111=7；

（2）1101=D；

（3）从高位开始读数，即（11010111）$_2$=（D7）$_{16}$。

2.3.4 编程实现不同进制之间的转换

我们可以利用 Python 中的进制转换函数来转换不同的进制。将十进制数转换为十六进制数的转换函数为 hex(n)。利用转换函数将十进制数 279 转换为十六进制数的参考程序如下。

```
n=279
print(hex(n))
```

程序的运行结果为 0x117。

将二进制数转换为十六进制数的转换函数为 hex(int(n,2))。利用转换函数将二进制数（11010111）$_2$转换为十六进制数的参考程序如下。

```
n='11010111'
print(hex(int(n,2)))
```

程序的运行结果为 0xd7。

2.4 实践任务

任务 1：将十进制数转换为十六进制数。

将十进制数 4877 转成十六进制数，采用"除以 16，倒取余"的方法，其转换过程如下。

$$4877 \div 16 = 304 \cdots\cdots 13 \ (\text{D})$$

$$304 \div 16 = 19 \cdots\cdots 0$$

$$19 \div 16 = 1 \cdots\cdots 3$$

$$1 \div 16 = 0 \cdots\cdots 1$$

这样，就可以得到 $4877 = (130D)_{16}$，除此之外，我们还可以使用间接法进行转换。即先将十进制数转换为二进制数，再将二进制数转换为十六进制数。

任务 2：将二进制数 $(1010)_2$ 转换为十六进制数。

利用"取四合一"法进行计算。二进制数 $(1010)_2$ 没有小数点，因此只需要考虑整数部分即可。对该二进制数按权相加可得 $1 \times 2^3 + 0 \times 2^2 + 1 \times 2^1 + 0 \times 2^0$，计算结果等于 10，数字 10 对应的十六进制数为 A。

不同进制之间的对照如表 2-1 所示。

表 2-1　不同进制之间的对照

二进制数	十进制数	十六进制数
0000	0	0
0001	1	1
0010	2	2
0011	3	3
0100	4	4
0101	5	5
0110	6	6
0111	7	7
1000	8	8
1001	9	9
1010	10	A
1011	11	B
1100	12	C
1101	13	D
1110	14	E
1111	15	F

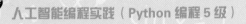
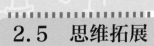

2.5 思维拓展

编程指的是利用计算机代码解决某个问题，根据某个计算体系规定的运算方式，使计算体系按照该运算方式运行，并最终得到相应结果的过程。为了使计算机能够理解人类的意图，我们需要将解决问题的思路和方法通过计算机能够理解的形式告诉计算机，使计算机能够根据人类的指令完成某种特定的任务。这种人和计算体系之间交流的过程就是编程。

> **注意：** 编程不一定只针对计算机程序而言，只要具备逻辑计算力的体系，都可以进行编程。

函数式编程是一种编程方式，它将计算机运算视为函数的计算。函数编程语言最重要的基础是 λ 演算，而且 λ 演算的函数可以接受函数当作输入（参数）和输出（返回值）。

和指令式编程相比，函数式编程强调函数的计算比指令的执行更重要；和过程化编程相比，函数式编程里的函数计算可以随时调用。

1. Visual Basic

将十六进制数转换为十进制数：十进制数（long 型）=CLng（"&H" & 十六进制数（String 型））。

将十进制数转换为十六进制数：十六进制数（string 型）=Hex$（十进制数）。

2. JavaScript

JavaScript 可以通过 toString() 函数将十进制数转为 string 类型的其他任意进制数。

3. Python

调用 Python 内置的 int() 函数可以将字符串转换为数字。

2.6　巩固练习

1. 利用 Python 语言，编程实现将二进制数 $(10110)_2$ 转换为十进制数。

2. 利用 Python 语言，编程实现将十进制数 2021 转换为二进制数。

2.7　自我评价

知识达成		☆ ☆ ☆ ☆ ☆
能力达成	巩固练习 1	☆ ☆ ☆ ☆ ☆
	巩固练习 2	☆ ☆ ☆ ☆ ☆
总评		☆ ☆ ☆ ☆ ☆

3 我的 "地盘" 我做主

3.1 学习目标

1. 掌握函数变量的作用域。

2. 理解函数的传递过程。

3. 理解函数返回值的意义。

3.2 情境导入

小明放学回家，和艾罗聊起今天课堂上学习的内容。

小明："今天我们学习了函数，理解了一次函数的概念，但是我还是不知道函数的自变量和因变量是什么。"

艾罗："自变量是指一个与其他量有关联的变量，该量中的任何一个值都能在其他量中找到对应的固定值。因变量，也就是函数值，会随着自变量的变化而变化，且当自变量取唯一值时，因变量有且只有唯一值与之对应。"

小明："那什么是变量的作用域呢？"

艾罗："变量的作用域相当于变量的命名空间，已赋值的变量并不是在哪里都可以使用的，如何定义变量决定了变量可以在哪里使用。比如，

在 Python 中，变量赋值的位置决定了哪些范围的对象可以访问这个变量，该范围就是作用域。根据变量的作用域，可将变量分为局部变量和全局变量。"

小明："原来函数还有这么多不同类型的定义啊。那在 Python 中，变量的作用域应该怎么应用呢？"

艾罗："别着急，下面我们就来学一学！"

3.3 知识讲解

3.3.1 函数变量的作用域

所谓作用域（Scope），是指变量的有效范围，即变量可以在哪个范围内使用。有些变量可以在整段程序的任意位置使用，有些变量只能在函数内部使用，有些变量只能在 for 循环的内部使用。变量的作用域由定义变量的位置决定，在不同位置定义的变量，它们的作用域也是不一样的。

面向过程编程就涉及函数变量的作用域，在函数内部定义的变量，它的作用域仅限于函数内部，在函数外就不能使用了，我们将这样的变量称为局部变量。除了在函数内部定义的变量，Python 还允许在所有函数的外部定义变量，这样的变量则称为全局变量。

和局部变量不同，全局变量默认的作用域是整个程序，即全局变量既可以在各个函数的外部使用，也可以在各个函数的内部使用。而且，Python 与其他编程语言不同的是，Python 没有 for 循环和 while 循环的作用域。

3.3.2 函数的传递

在 Python 中，根据是否有返回值可以将函数分为 4 种：无参数、无返回值的函数，无参数、有返回值的函数，有参数、无返回值的函数，有

参数、有返回值的函数。

Python 中函数传递参数的形式主要有以下 5 种：位置传递、关键字传递、默认值传递、不定参数传递（包裹传递）和解包裹传递。

3.3.3 函数的返回值

函数需要先定义后调用，函数体中 return 语句的结果就是返回值。如果一个函数看上去没有 return 语句，其实它有一个隐含的 return 语句，返回值是 None，类型也是"NoneType"。return 语句主要有结束函数调用、返回值、指定返回值与隐含返回值的作用。

当函数体中的 return 语句有指定返回值时，返回的就是其值。当函数体中没有 return 语句时，函数运行结束就会隐含返回一个 None 作为返回值，类型是"NoneType"，与 return、return None 等效，都是返回 None。

3.4 实践任务

任务 1：计算 $y = kx + b$ 的值。

编程计算 $y = kx + b$ 的值。在函数体内规定 k、x、b 的值分别为 1、2、3，输出计算的结果，参考程序如下。

```
def fun():
    k=1;x=2;b=3
    y=k*x+b
    print(y)
fun()
```

运行程序，结果为 5。

如果我们想打印出函数里面的参数，运行的结果就会报错，参考程序如下。

```
def fun():
    k=1;x=2;b=3
    y=k*x+b
    print(y)
fun()
print(k)
```

程序的运行结果如图 3-1 所示。

```
Traceback (most recent call last):
  File "C:/Users/fufangming/Desktop/3.1.py", line 6, in <module>
    print(k)
NameError: name 'k' is not defined
```

图3-1　打印函数里参数程序的运行结果

由此，我们可以看到局部变量只能在一定范围内实现其功能。接着，我们将 k 值移动到函数体之外，观察运行结果，参考程序如下。

```
k=1
def fun():
    x=2;b=3
    y=k*x+b
    print(y)
fun()
print(k)
```

程序的运行结果如图 3-2 所示。

```
5
1
>>> |
```

图3-2　将k值移动到函数之外程序的运行结果

此时，全部变量不仅在函数体内发挥作用，在函数体外也能够发挥作用。如果在函数体内和函数体外同时定义相同的变量名，那么此时局部变

量在函数体内会暂时取代全局变量，而在函数体外还是维持全局变量的定义。例如下列参考程序。

```
k=2
def fun():
    k=1;x=2;b=3
    y=k*x+b
    print(y)
fun()
print(k)
```

程序的运行结果如图 3-3 所示。

```
5
2
>>> |
```

图3-3　在函数体外定义参数的程序的运行结果

如果想在函数体内设置全局变量，则可以使用 global 语句，但不建议这样的使用方式，因为容易造成混淆。例如下列参考程序。

```
k=2
def fun():
    global k
    k=1;x=2;b=3
    y=k*x+b
    print(y)
fun()
print(k)
```

程序的运行结果如图 3-4 所示。

```
5
1
```

图3-4　使用global语句的程序的运行结果

任务2：计算$a+b$。

编写一个计算$a+b$的程序，并打印出计算结果，参考程序如下。

```
def fun(a,b):
    print(a+b)
res=fun(1,3)
print(res)
type(res)
```

程序的运行结果如图3-5所示。

```
4
None
```

图3-5　计算$a+b$程序的运行结果

通过运行结果我们发现，函数没有返回值，下面我们给函数设置返回值，参考程序如下。

```
def fun(a,b):
    print(a+b)
    return(a+b)
res=fun(1,3)
print(res)
type(res)
```

程序的运行结果如图3-6所示。

```
4
4
```

图3-6　设置返回值程序的运行结果

当程序中出现两个return语句时，又会出现什么状况呢？下面，我们编写一个输出两数中最大值的程序，观察其运行结果。参考程序如下。

```
def fun(a,b):
    if a>b:
        return a
```

```
    else:
        return b
        print(a)
print(fun(3,1))
```

运行程序，结果为3。

通过这个程序我们看到，当执行到第 1 个 return 时，该函数就已执行结束，并不会执行第 2 个 return 语句。

3.5 思维拓展

return 语句的位置和多条 return 语句

在 Python 中，使用 return 语句返回 "返回值"，可以将其赋给其他变量做其他的用处。一个函数可以存在多条 return 语句，但只有一条可以被执行，如果一条 return 语句都没有被执行，同样会隐式调用 return None 作为返回值。

如果有必要，可以显式调用 return None，明确返回一个 None（空值对象）作为返回值，可以简写为 return。不过在 Python 中，一般能不写则不写。如果函数执行了 return 语句，函数会立刻返回，结束调用，return 之后的其他语句都不会被执行。

3.6 巩固练习

1. 判断下列说法是否正确，正确的在括号中画 "√"，错误的在括号中画 "×"。

（1）Python 函数中可以没有参数，但是必须有返回值。（   ）

（2）运行下列程序，输出的结果应该是 "xiao ming"。（   ）

```
name = "xiao ming"
def fun_1():
    print(name)
def fun_2():
    name = "ai luo"
    fun_1()
fun_2()
```

2. 请编写一个程序，在程序中输入一个非 0 实数作为参数，如果输入的数字是正数，则返回值 1；如果输入的数字是负数，则返回值 0，并打印出当输入数字分别是 -5、1、10 时的结果。

3.7 自我评价

知识达成		☆ ☆ ☆ ☆ ☆
能力达成	巩固练习 1	☆ ☆ ☆ ☆ ☆
	巩固练习 2	☆ ☆ ☆ ☆ ☆
总评		☆ ☆ ☆ ☆ ☆

4 神秘的信息——了解序列

4.1 学习目标

1. 理解字符串的基本概念。

2. 掌握列表元素和字符串元素的排序方法。

3. 了解字符串和列表的不同。

4.2 情境导入

一天，小明和艾罗闲来无事，听闻古玩城有精彩的猜谜活动，便决定去逛一逛。两人走到一家古董店时，看到了一个做工精致的木箱，很是喜欢！

小明："老板，这个箱子怎么卖？"

老板："这个箱子不卖，但只要你能帮我解开一道谜题，箱子和里面的秘密就都归你了！"

小明："真的吗？你可不能反悔啊！"

艾罗："这个箱子确实精美，既然里面还有秘密，那我们就挑战一下吧！"

俩人把箱子打开，只见里面有一封中英文均有的信件（见图 4-1），老板对两人说："在这封信件中，有一些需要隐藏的信息，希望你们能帮我隐藏所有包含字母 'a' 的信息。"

图4-1　信件信息

小明："这个简单，我们可以用之前学习的列表来解决。"

艾罗："别着急，再仔细分析这些信息，好像和之前学习的不太一样哦。"

小明思考了一会："这确实不是单纯地循环遍历就能实现的，我们需要识别更多的字符信息，这该怎么办呢？"

艾罗："别着急，学习了下面的内容，你就可以解决了。"

4.3 知识讲解

4.3.1 创建字符串

在 Python 中，字符串是比较常用的数据类型。我们可以通过引号（''或 ""）来创建字符串。创建字符串的方法非常简单，只需要为变量分配一个值即可，参考程序如下。

```
>>> str1='hello'
>>> str1
'hello'
```

4.3.2 访问字符串中的值

Python 不支持单字符类型，任意的单字符，例如字符 'a'，也作为字符串来识别。在 Python 中，获取字符串元素可以通过方括号 [ ] 来截取。方

法和获取列表元素的方法相似。字符串的索引值以 0 为起始值，以 −1 为末尾的起始值，并且遵循序列的"左闭右开"原则，字符串 "PYTHON" 的索引方向如图 4-2 所示。需要注意的是，截取字符串中的元素都为字符串类型，这点和列表是不同的。

索引方向	→					
	-6	-5	-4	-3	-2	-1
	0	1	2	3	4	5
字符串	P	Y	T	H	O	N
	:1	2	3	4	5	:
	:-5	-4	-3	-2	-1	:
索引方向	←					

图4-2　字符串 "PYTHON" 的索引方向

截取字符串 'PYTHON' 中的元素的参考程序和运行结果如下。

```
>>> var='PYTHON'
>>> var[0]
'P'
>>> var[1]
'Y'
>>> var[:3]
'PYT'
>>> var[0:4]
'PYTH'
```

4.3.3 字符串的更新

可以通过拼接更新字符串元素，参考程序和运行结果如下。

```
>>> var1=' 你好 '
>>> var2=' 我的祖国 '
>>> var1+var2
' 你好我的祖国 '
```

也可以通过重复运算符将其输出，参考程序和运行结果如下。

```
>>> var=" 我爱你中国 "
```

```
>>> var*3
```
'我爱你中国我爱你中国我爱你中国'

4.3.4 转义字符

在程序中使用"\\"来转义出特殊的意义。例如，常用的"\n"和"\t"分别代表换行和缩进一个制表符的距离。在 Python 中输入以下程序。

```
>>> print("我要好好学习 Python。我要好好学习 Python。我要好好学习 Python。")
```

可以得到以下结果。

我要好好学习 Python。我要好好学习 Python。我要好好学习 Python。

接着，在该程序中使用"\n"，修改后的程序和运行结果如下。

```
>>> print("我要好好学习 Python。\n 我要好好学习 Python。\n 我要好好学习 Python。")
我要好好学习 Python。
我要好好学习 Python。
我要好好学习 Python。
```

接着，在该程序中使用"\t"，修改后的程序和运行结果如下。

```
>>> print("我要好好学习 Python。\t 我要好好学习 Python。\t 我要好好学习
Python。")
我要好好学习 Python。  我要好好学习 Python。  我要好好学习 Python。
```

部分常用的转义字符如表 4-1 所示。

表 4-1 部分常用的转义字符

转义字符	描述
\n	换行
\t	缩进一个制表符的距离
\\	转义本身（\ 反斜杠）
\'	单引号
\"	双引号
\a	响铃
\b	退格
\v	纵向制表符
\r	回车
\f	换页

4.3.5 字符串与列表的转换

Python 中的字符串元素是不可变的，不能实现插入和删除操作，如果要实现这个功能，需要把字符串先转换成列表，在列表中实现插入和删除之后，再将其转换成字符串。

1. 将字符串转换成列表

假设我们将字符串 a='123456789' 转换为列表，那么就可以使用 list() 函数，list() 函数的括号内必须是可迭代的数据，参考程序和运行结果如下。

```
>>> a='123456789'
>>> b=list(a)
>>> print(b)
['1', '2', '3', '4', '5', '6', '7', '8', '9']
```

如果将列表 b 中的元素类型转换为整数类型，则需要用 map() 函数，参考程序和运行结果如下。

```
>>> a='123456789'
>>> b=list(map(int,a))
>>> print(b)
[1, 2, 3, 4, 5, 6, 7, 8, 9]
```

2. 将列表转换成字符串

如果我们将上述列表 b 转换为字符串，则需要用到 join() 函数，join() 函数的格式如下。

```
'sep'.join(iterable)
```

其中，sep 为分隔符，可以为空；iterable 表示要连接的元素序列。将列表转换为字符串的参考程序和运行结果如下。

```
>>> b=['1','2','3','4','5','6','7','8','9']
>>> a=''.join(b)
>>> print(a)
```

```
123456789
>>> print(type(a))
<class 'str'>
```

如果列表里的元素都是整数，则需要用 map() 函数把列表里的元素转换为字符串类型，参考程序和运行结果如下。

```
>>> a=[1,2,3,4,5,6,7,8,9]
>>> b=map(str,a)
>>> c=''.join(b)
>>> print(c)
123456789
>>> print(type(c))
<class 'str'>
```

4.3.6 列表和字符串元素的排序

一般我们会用 sort() 函数对列表元素进行排序，其语法格式如下。

名称 .sort(cmp,key,reverse=False)

其中，cmp 指的是可选参数，如果指定了参数，那么就可以使用该参数进行排序；key 主要用来比较元素；reverse 指排序的规则，reverse=True 表示降序排列，reverse=False 表示升序排列（默认升序排列）。

1. 列表元素的排序

假设列表 a 的元素分别是 1、5、2、7、85、100，对该列表元素分别进行升序排列和降序排列的参考程序和运行结果如下。

```
>>> a=[1,5,2,7,85,100]
>>> a.sort()
>>> print(a)
[1, 2, 5, 7, 85, 100]
>>> a.sort(reverse=True)
>>> print(a)
[100, 85, 7, 5, 2, 1]
```

2. 字符串元素的排序

大多数排序是针对列表元素的，如果对字符串元素进行排序，则需要先将字符串转换成列表，对列表元素进行排序后，再将其重组成字符串。参考程序和运行结果如下。

```
>>> a="acefhwkfle"
>>> b=list(a)
>>> b.sort()
>>> print(b)
['a', 'c', 'e', 'e', 'f', 'f', 'h', 'k', 'l', 'w']
```

4.4　实践任务

任务1：删除字符串元素。

通过对新知识的学习，小明将信件中的信息转换成列表后，删除了所有包含字母"a"的信息，又将其转换成字符串并输出，成功地解决了老板的问题，拿到了宝箱。小明打开宝箱，得到了里面的密码本，当他翻看密码本时，发现密码本上有一组有序的字符串1~9，要求小明通过编程把该字符串中间的元素去掉，然后输出该字符串。

若想解决此问题，我们需要在Python中创建字符串，然后将字符串转换成列表，删除中间的元素5后，将列表转换成字符串并输出，参考程序和运行结果如下。

```
>>> a='123456789'
>>> b=list(a)
>>> del b[4]
>>> c=''.join(b)
>>> print(c)
12346789
```

任务2：对数字进行排序并求出最大值和平均值。

小明轻而易举地解决了上面的难题，但在他翻看第2页时，又发现了一个新的问题：请输入一个整数 n，然后输入 n 个整数，将这些数字按照从大到小的顺序进行排列，并求出这些数字的最大值和平均值。解决此问题的参考程序如下。

```python
n=int(input())
a=[]
for i in range(n):
    a.append(int(input()))
a.sort(reverse=True)
print(a)
max1=max(a)
sum1=sum(a)
print(sum1/n)
```

程序的运行结果如图4-3所示。

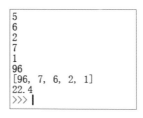

图4-3　对数字排序并求出最大值和平均值程序的运行结果

4.5　思维拓展

字符串与列表的比较

字符串和列表都是序列，列表中可以有多种元素，如整数、浮点数、字符串等，而字符串中只能是单一的字符串类型。

在给列表添加元素时，可以使用 append() 函数，在列表尾部直接添加

各种类型的元素；也可以使用 extend() 函数，在列表尾部拓展列表。参考程序和运行结果如下。

```
>>> a=[' 孙悟空 ',' 沙僧 ',' 猪八戒 ']
>>> a.extend([' 如来佛祖 ',' 观音菩萨 '])
>>> print(a)
[' 孙悟空 ', ' 沙僧 ', ' 猪八戒 ', ' 如来佛祖 ', ' 观音菩萨 ']
```

为字符串增加字符串元素时，可以在字符串和字符串之间用"+"连接，也可以使用 .join() 函数来添加。参考程序和运行结果如下。

```
>>>a=' 猪八戒 '
>>>b=' 孙悟空 '
>>>print(''.join([a,b]))
猪八戒孙悟空
```

列表和字符串的区别如表 4-2 所示。

表 4-2　列表和字符串的区别

	列表	字符串	说明
类型	序列	序列	都有先后顺序
是否可修改	可修改	不可修改	都是可迭代对象
元素类型	任意类型	字符串	
添加元素	list.addend(objest)	+	
元素位置	list.index(object)	string.find(object)	
切片方法	lista[::2] 输出：['1', '3' , '5' , '7' ,]	string1[::2] 输出：'1357'	字符串切片后得到的结果仍是字符串
插入元素	list.insert(index.object)	无（需转换）	
删除元素	del a[index]	无（需转换）	

4.6　巩固练习

1. 判断下列说法是否正确，正确的在括号中画"√"，错误的在括号中画"×"。

（1）字符串是可修改的序列。（　　　）

（2）Python中的字符串元素是不可变的，不能实现插入和删除操作。
（   ）

2. 经过一番研究，小明成功地解决了所有问题，他决定给密码本再添一道难题，考考下一位拥有这本密码本的幸运儿：请输入一个整数 n，并输入 n 个整数，将该组数字进行升序排列，求出该组数字平均值的整数部分，并求出比其平均值大的数有几个，分别是多少。

4.7 自我评价

知识达成		☆ ☆ ☆ ☆ ☆
能力达成	巩固练习 1	☆ ☆ ☆ ☆ ☆
	巩固练习 2	☆ ☆ ☆ ☆ ☆
总评		☆ ☆ ☆ ☆ ☆

5 打开仓库的钥匙——认识元组

5.1 学习目标

1. 理解元组结构的定义。

2. 学会创建元组、删除元组变量、连接元组和访问元组元素。

3. 了解元组与列表的区别。

5.2 情境导入

学校组织学生到某工厂体验当一名信息系统工程师。该工厂某个仓库的大门是由计算系统控制的，开启指令由一组随机信息组成，这组随机信息在到达仓库门的控制系统之前，可能会经过不同计算机系统的处理，但是每次从源头发出的信息都不能成功开启仓库大门。小明顿时发了愁，赶紧向艾罗寻求帮助。

艾罗："最初设计该系统的人可能将这组随机信息设计成了列表，这组信息在经过各个系统时可能会被其他系统修改。"

小明："有没有什么方法可以存储这组信息，并且在传递的过程中使其不被修改呢？"

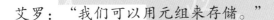

艾罗："我们可以用元组来存储。"

小明："元组是什么呢？"

艾罗："下面我们就来了解什么是元组。"

5.3 知识讲解

5.3.1 认识元组

元组和列表一样，也是一个有序序列，但是元组属于不可变序列，一旦创建元组后，就不允许修改元组中各元素的值，也不能增加或删除元素。

5.3.2 创建元组

元组中的所有元素都在一对小括号中，元素之间用逗号分隔，如果元组中只有一个元素，也需要在最后添加一个逗号。举例如下。

```
>>> x=(7,8,9)          #把元组赋值给变量 x
>>> type(x)
<class 'tuple'>
>>> x=(3,)             #如果元组中只有一个元素,也需要在后面加一个逗号
>>> type(x)
<class 'tuple'>
>>> x=(3)              #这个不是元组,其和 x=3 的结果一样
>>> x
3
>>> type(x)            #x 是一个整数
<class 'int'>
>>> x=()               #把一个空元组赋值给变量 x
>>> type(x)
<class 'tuple'>
```

5.3.3 删除元组变量

元组中的元素是不能删除的，但我们可以使用 del() 语句删除元组变量。参考程序和运行结果如下。

```
>>> x=(7,8,9)        # 把元组赋值给变量 x
>>> print(x)         # 输出元组
(7, 8, 9)
>>> del x            # 删除元组变量
>>> print(x)         # 再输出就会报错，表明该元组变量已删除
Traceback (most recent call last):
  File "<pyshell#6>", line 1, in <module>
    print(x)
NameError: name 'x' is not defined
```

5.3.4 连接元组

元组中的元素是不能修改的，但是我们可以使用 "+" 连接各元组，连接之后会生成一个新的元组。参考程序和运行结果如下。

```
>>> x=(1,2,3)
>>> y=(4,5,6)
>>> c=x+y      # 连接元组 x 和元组 y，生成一个新的元组并将其赋给元组 c
>>> c
(1, 2, 3, 4, 5, 6)
```

5.3.5 访问元组

使用下标索引可以访问元组中的值，也可以使用切片进行访问。参考程序和运行结果如下。

```
>>> x=('apple','banana','orange','grape')
>>> y=(1,2,3,4,5,6,7)
>>> x[0]
'apple'
```

```
>>> y[1:5]
(2, 3, 4, 5)
>>> x[-1]
'grape'
```

5.4 实践任务

任务1：输出元组的相关信息。

输入一行序列并将其存储在元组中，求该元组共有几个元素、元素的最大值和最大值的索引值、最小值和最小值的索引值。

任务分析：和列表类似，元组可以使用 len() 语句求长度，使用 max() 语句求最大值，使用 min() 语句求最小值，还可以使用内置方法 index() 获得索引值。参考程序如下。

```
x = tuple(input("请输入一行序列: "))
print("序列的长度是: ", len(x))
print("最大值是: ", max(x),"最大值的索引值是: ", x.index(max(x)))
print("最小值是: ", min(x),"最小值的索引值是: ", x.index(min(x)))
```

任务2：判断一个序列是否是回文的序列。

输入一个由 10 个元素组成的序列，判断该序列是不是一个回文的序列。如果是，则输出 yes，否则输出 no。所谓回文的序列，是指将序列元素从后往前重新排列后，得到的序列和原序列一样。

任务分析：创建一个空的元组，然后循环输入 10 个序列元素，用"+"把 10 个元素组成一个元组，再从序列中间，将元素分开，循环比较两边对称的元素是否全部相等。如果相等，则说明该序列是回文的序列；否则不是回文的序列，并退出程序。参考程序如下。

```
print("请输入10个元素, 每个元素之间用回车间隔: ")
a = ()                    # 创建一个空的元组
```

```
for i in range(10):
    a = a+(input(),)          #用"+"把元素连接到元组，同一个元组中的元素用逗号分隔
for i in range(5):            #遍历对称元素
    if a[i] != a[-(i+1)]:     #如果对称元素不相等
        print("no")           #则不是回文的序列
        break
else:                         #如果对称元素相等
print("yes")                  #则是回文的序列
```

输入元素 2、5、8、12、18、18、12、8、5、2，程序的运行结果如图 5-1 所示，可得该序列是回文的序列。

```
请输入10个元素，每个元素之间用回车间隔：
2
5
8
12
18
18
12
8
5
2
yes
>>>
```

图5-1　判断序列是不是回文的序列程序的运行结果（1）

输入元素 2、5、8、12、18、17、12、8、5、2，程序的运行结果如图 5-2 所示，可得该序列不是回文的序列。

```
请输入10个元素，每个元素之间用回车间隔：
2
5
8
12
18
17
12
8
5
2
no
>>>
```

图5-2　判断序列是不是回文的序列程序的运行结果（2）

任务3：找出序列中第一个只出现一次的元素。

任务分析：输入一个整数 n，并输入由 n 个元素组成的序列，找出第一个只出现一次的元素。如果没有这样的元素则输出 no。参考程序如下。

```
n = int(input(" 请输入一个整数 n:"))
a = ()
for i in range(n):              # 循环输入整数，并将输入的整数存储在元组中
    a=a+(input(),)              # 更新元组变量 a
for i in a:
    if a.count(i)==1:          # 使用内置方法统计元素 i 出现的次数
        print(i)
        break
else:
print("no")
```

输入整数 6，并输入 6 个元素，可知该序列中第一个只出现一次的元素是 2。程序的运行结果如图 5-3 所示。

```
请输入一个整数n:6
1
1
2
3
5
5
2
```

图 5-3　找出序列中第一个只出现一次的元素的程序运行结果

┇┇┇┇┇┇ 5.5　思维拓展 ┇┇┇┇┇┇

元组和列表的比较

列表和元组都是有序序列，有一些内置方法是一样的，比如，可以用 len() 函数统计元素的个数，使用 in 测试元组中是否存在某个元素，使用 index() 方法获取指定元素的索引值。

元组属于不可变序列，不能修改元组中元素的值，也不能增加元素。因此列表中的 append()、extend() 和 insert() 等方法在元组中并没有提供。由于不能删除元组元素，因此也没有提供 remove() 和 pop() 方法。我们可以使用索引和切片来访问元组中的值，但是不能通过索引和切片改变元组中元素的值。

在一定程度上，我们可以把元组看成轻量级的列表或常量列表，它没有列表那么多的功能，因此访问元组的速度比访问列表的速度快一些。元组不允许修改其元素值，从而使程序变得更加安全。例如，调用函数是使用元组传递参数的，这样可以防止在函数中的元组被修改。

元组中的元素可以是列表、元组、字符串、字典、集合、数字等任何值，可以是相同的类型，也可以是不同的类型。可以使用 tuple() 将可迭代对象转换为元组，参考程序如下。

```
>>> tuple(range(5))       # 把 range() 生成的序列转换成元组
(0, 1, 2, 3, 4)
>>> x = ["apple", "pear", "orange", "grape"]
>>> type(x)
<class 'list'>
>>> tuple(x)              # 用 tuple() 把 x 转换成元组
('apple', 'pear', 'orange', 'grape')
>>> type(x)              # 生成了一个元组，但是没有改变 x 的类型
<class 'list'>
>>> y = tuple(x)          # 将生成的元组赋值给变量 y，这个时候就保存下来了
>>> y
('apple', 'pear', 'orange', 'grape')
>>> type(y)
<class 'tuple'>
```

5.6 巩固练习

1. 判断下列说法是否正确，正确的在括号中画"√"，错误的在括号中画"×"。

（1）我们可以使用 remove() 方法删除元组元素。（   ）

（2）我们可以使用"+"连接各元组。（   ）

2. 输入一个整数 n 和输入由 n 个元素组成的序列（元素之间用回车间隔），统计该序列元素中共有多少个质数，并输出质数序列。

5.7 自我评价

知识达成		☆ ☆ ☆ ☆ ☆
能力达成	巩固练习 1	☆ ☆ ☆ ☆ ☆
	巩固练习 2	☆ ☆ ☆ ☆ ☆
总评		☆ ☆ ☆ ☆ ☆

6 数据大 PK

6.1 学习目标

1. 学会集合的创建、添加和删除。
2. 能够选择合适的数据结构，编程解决问题。

6.2 情境导入

学校正在进行垃圾分类教育，老师让同学们统计自己家里产生垃圾的种类。回收调查表后，老师把统计、处理数据的任务交给了小明。

艾罗："小明，你怎么一脸愁容的样子？"

小明："老师交给了我一项艰巨的任务，我不知该怎么完成。"

艾罗："什么任务？"

小明："你看，这是我们班这次垃圾分类调查生成的一份电子数据，全班共有 40 多名学生，每名学生都写了好几种垃圾，现在我要统计出垃圾的种类。这么巨大的工作量，我该怎么办啊？"

艾罗："哈哈，这个不难，用集合就能解决呀！"

小明："集合？你快给我讲讲吧！"

艾罗："别着急，下面我们就来学习。"

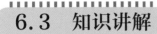

6.3　知识讲解

6.3.1　认识集合

集合是无序可变序列，用一对大括号作为界定符，元素之间用逗号分隔，同一个集合的各个元素都是唯一的，元素之间不允许重复。集合中只能包含数字、字符串、元组等不可变类型的数据，不能包含列表、字典、集合等可变类型的数据。

6.3.2　集合的创建和删除

可以将集合赋值给一个变量，也可以通过 set() 函数将列表、元组、字符串、range() 等可迭代对象转换为集合，如果原来的数据中存在重复元素，那么在转换的时候只保留一个元素即可。实例如下。

```
>>> x={1, 2, 3}            #把集合赋值给变量 x
>>> type(x)               #变量 x 的类型是集合
<class 'set'>
>>> x = set(range(8, 14))  #把 range() 对象转换成集合
>>> x
{8, 9, 10, 11, 12, 13}
>>> x = set([1, 2, 3, 4, 1, 2, 3, 4, 7, 8])
                          #把列表转换成集合，并自动删除重复的元素
>>> x
{1, 2, 3, 4, 7, 8}
>>> a = set() #创建一个空集合，不能用"x={}"，因为"x={}"表示建立一个空字典
>>> type(a)
<class 'set'>
>>> x = set("hello world")  #将字符串转换为集合
>>> x
{'o', 'h', 'd', 'l', 'e', ' ', 'w', 'r'}
```

```
# 结果是无序的，因为集合本身就是无序的
>>> x = set((1, 2, 3, 3, 4))        # 将元组转换成集合
>>> x
{1, 2, 3, 4}
```

也可以使用 del() 删除集合，示例如下。

```
>>> del(x)                          # 删除集合
>>> x                               # 删除之后再调用，程序就会出现错误
Traceback (most recent call last):
  File "<pyshell#14>", line 1, in <module>
    x
NameError: name 'x' is not defined
```

6.3.3 集合元素的添加和删除

使用 add() 方法，可以添加元素，如果该元素已在集合中存在，则忽略该操作；使用 update() 方法，可以将另一个集合中的元素合并到当前集合中，并自动删除重复元素；使用 pop() 方法，可以随机删除并返回集合中的一个元素，如果集合为空，则程序报错；使用 remove() 方法，可以删除集合中的一个指定元素，如果指定元素不存在，则程序报错；使用 discard() 方法，也可以删除集合中的一个指定元素，如果指定元素不存在，则忽略该操作；使用 clear() 方法，可以清空集合中所有的元素。参考实例如下。

```
>>> x = {1, 2, 3}
>>> x.add(3)    # 增加一个元素，若该元素与集合中已有元素重复，则忽略该操作
>>> x
{1, 2, 3}
>>> x.update({3, 4})    # 将集合 {3,4} 合并到集合 x 中，自动删除重复元素
>>> x
{1, 2, 3, 4}
>>> y = x.pop()          # 随机删除一个元素
```

```
>>> y
1
>>> x
{2, 3, 4}                    # 集合 x 中的元素 1 被删除
>>> x.remove(3)              # 删除指定元素 3
>>> x
{2, 4}                       # 元素 3 被删除
>>> x.discard(5)             # 删除元素 5，若该元素不存在，则忽略该操作
>>> x
{2, 4}
>>> x.remove(5)              # 删除元素 5，该元素不存在，则程序报错
Traceback (most recent call last):
  File "<pyshell#27>", line 1, in <module>
    x.remove(5)
KeyError: 5
>>> x.clear()                # 清空集合 x
>>> x
set()                        # 集合 x 变成了一个空集合
```

6.4 实践任务

任务 1：统计垃圾种类的数量。

如果解决小明的问题，则需要输入一个整数 n，然后输入 n 行信息，每行包含一种垃圾名称，输出删除重复种类后的垃圾名称，名称之间用空格间隔。

任务分析：新建一个空集合，将每次输入的垃圾名称添加到集合中，利用集合的性质去重，最后统计集合中的元素个数，就可以算出垃圾的种类个数。参考程序如下。

```
n=int(input())
x=set()                    #新建一个空集合
for i in range(n):
    x.add(input())         #输入一种垃圾名称，并将其添加到集合中，自动删除重复元素
print(len(x))              #使用len()方法得到所有元素的个数
for i in x:                #遍历输出每一个元素
print(i,end="   ")
```

运行程序，输入数字和垃圾种类，运行结果如图 6-1 所示。

```
5
可回收垃圾
厨余垃圾
有害垃圾
其他垃圾
厨余垃圾
4
有害垃圾 其他垃圾 厨余垃圾 可回收垃圾
```

图6-1　统计垃圾种类的程序运行结果

任务 2：统计每个字母在单词中出现的次数。

输入一个单词（由不超过 100 个字母的小写字母组成），若用 max 表示单词中出现最多的字母的个数，用 min 表示单词中出现最少的字母的个数，当（max−min）的结果是质数时，则输出"lucky"和（max−min）的值，并以空格隔开，否则输出"no answer"。参考程序如下。

```
word = input()             #输入单词并将其存放在字符串中
word_set = set(word)       #将单词字符串转换成集合，删除重复的元素
maxch = 0
minch = 101
for ch in word_set:        #遍历集合
    cnt = word.count(ch)   #统计字符串中每个字母在单词中出现的次数
    if maxch < cnt:        #找出最大值和最小值
        maxch = cnt
    if minch > cnt:
        minch = cnt
num = maxch - minch
```

```
# 判断 (max-min) 的值是不是质数
j = 2
flag = True
while j*j<=num:
    if num%j == 0:
        flag = False
        break
    j += 1
if flag == True and num > 1:        # 如果是质数，则输出 "lucky"
    print("lucky", num)
else:
    print("no answer")              # 否则输出 "no answer"
```

在程序中输入"hello world"，在该行英文句子中，字母"l"出现了3次，字母"o"出现了2次，其余字母均出现了1次，所以 max 的值为3，min 的值为1，程序的运行结果如图6-2所示。

```
hello world
lucky 2
>>>
```

图6-2　统计每个字母在单词中出现次数的程序运行结果

6.5　思维拓展

在实际的编程过程中，我们需要根据问题，选用合适的数据结构来存储数据。合适的数据结构可以让算法更有效率。数据结构的选择也决定了选择哪种算法，数据结构和算法是密不可分的。在前面的学习中，我们学习了字符串、列表、元组、集合等数据结构，这些数据结构为我们提供了丰富的方法，充分利用各个数据结构的特点，可以事半功倍。下面我们通过几个题目来练习一下。

输入一行英文，使其只包含单词和空格，单词之间可能有多个空格。编程统计出单词的个数，并输出组成该句子的基本单词，单词之间用空格间隔。

任务分析：用字符串读入英文句子，然后用 split() 方法将句子分成一个一个的单词并将其存放到列表中，统计出列表元素的个数，最后把列表转换成一个集合，遍历集合，将集合元素输出。

```
str=input()          #用字符串保存输入的英文句子
x=str.split()        #分割字符串后,将元素存放到列表中
print(len(x))
y=set(x)             #将列表转换为集合,利用集合去重的特性删除重复的元素
for i in y:
print(i,end=' ')
```

运行程序，输入"hello world"，程序运行结果如图 6-3 所示。

```
hello world
2
hello world
>>> |
```

图6-3　输出英文句子中各单词程序的运行结果

6.6　巩固练习

1. 判断下列说法是否正确，正确的在括号中画"√"，错误的在括号中画"×"。

（1）集合是无序可变序列。（　　）

（2）使用 remove() 方法，可以删除集合中的一个指定元素，如果指定元素不存在，则忽略该操作。（　　）

2. 合并集合 {1,2,3} 和集合 {3,4,5}，结果正确的是（　　）。

```
>>>x={1,2,3}
```

```
>>>x.update({3,4,5})
>>>x
```

A. {1,2,3,4,5}   B. {1,2,3,3,4,5}   C. {1,2,3,4}   D. {1,2,4,5}

6.7 自我评价

知识达成		☆ ☆ ☆ ☆ ☆
能力达成	巩固练习1	☆ ☆ ☆ ☆ ☆
	巩固练习2	☆ ☆ ☆ ☆ ☆
总评		☆ ☆ ☆ ☆ ☆

7 征服恺撒密码

7.1 学习目标

1. 能够使用 list.index() 函数查找元素的位置。

2. 掌握循环遍历列表的方法。

3. 能够求出列表元素的最大值、最小值、平均值，并能够对元素求和。

7.2 情境导入

热爱编程的小明天天在编程论坛中学习，有一天他收到了一封邮件。

亲爱的小明：

你好！

听说你是一位编程高手，我想来挑战你！

第 1 关的挑战如下。

有位送信使者，专门负责用恺撒密码报信。但天天携带密码"明文"本（密码对照的母本）特别不方便。请你写一个"明文"密码本的程序，帮他解决密码信件的传送问题，使其能够准确地传递信息。

这串密码为：pmkc，向右偏移，偏移量为 2。

如果你想知道答案，就快来挑战吧！

小明："我喜欢做有挑战的事情。不过，什么是恺撒密码呢？"

艾罗："我来给你讲讲。"

说着，艾罗便开始给小明讲述起恺撒密码的奥秘。

恺撒密码是一种替换加密的技术，"明文"是展示出来的内容，"明文"中的所有字母都会按照字母表上的顺序向前（或向后）按照一个固定数字进行偏移，偏移后的内容就是"密文"。例如：一串由字母a~z组成的"明文"，当向前偏移量是3的时候，所有的字母a将被替换成字母d，字母b被替换成字母e，以此类推。

小明："原来如此！我好像找到了灵感，可是要对着密码本逐个查找，也太麻烦了。艾罗，你知道什么好方法吗？最好能让程序根据我设计的规则，自动查找。"

艾罗："那就需要用到列表和遍历。"

小明："那你快教教我吧。"

艾罗："别着急，我来教你，仔细听哦！"

7.3 知识讲解

第1关的题目解析：如果设计程序，我们就需要理解什么是恺撒密码、恺撒密码的特点和规律。大概可以总结为以下3个编程步骤。

（1）列出"明文"。

（2）根据偏移量，将密码与"明文"一一对应。

（3）找到最终的"密文"并呈现出来。

根据以上3个编程步骤，我们可以借助表格的形式，对其进行梳理（见表7-1）。

表 7-1　第 1 关编程步骤的梳理

设计思路	编程内容	知识点
列出"明文"（密码母本）	将 26 个英文字母按照从 a~z 的顺序罗列出来	list() 函数
进行偏移查找	在每个字母的下方都添加一个标号	由 list() 函数自动生成
核对偏移后的字母	对照标号的字母表（母本），按顺序右移 2	由 index() 函数——读取列表标号
记录对应的新字母（"密文"）	重新按顺序记录找到的新字母，并将其逐个排列	append() 函数
显示"密文"	输出排列好的字母	print() 函数

此时编程思路已清晰，那么用 Python 语言怎么体现这个过程呢？为此，我们还需要学习以下知识。

7.3.1　list() 函数

list() 函数可以将其他序列转换为列表。参考程序及运行结果如下。

```
>>>p=list(' 星期天 ')
>>>print(p)
[' 星 ', ' 期 ', ' 天 ']
```

学习了这个知识，我们就能创建"明文"本了，参考程序及运行结果如下。

```
>>> a=list('abcdefghijklmnopqrstuvwxyz')   # 将字符串 a~z 转换成列表，并将
                                              其存放到列表 a 中
>>> print(a)
['a', 'b', 'c', 'd', 'e', 'f', 'g', 'h', 'i', 'j', 'k', 'l', 'm', 'n', 'o', 'p',
'q', 'r', 's', 't', 'u', 'v', 'w', 'x', 'y', 'z']
```

7.3.2　index() 函数

index() 函数用于从列表中找出某个值的第一个匹配项的索引位置。格式如下。

```
列表名 .index(object,start,stop)
```

其中，object 表示待查找元素的名称，start 表示查找的起始位置（默

认可以不写），stop 表示查找的结束位置（默认可以不写），start 和 stop 用来指定搜索的范围；index() 函数用来查找元素的索引位置，如果没有找到则会提示错误信息。以下是两种用来查找元素的方法。

方法一

```
>>> blist=['hello',56,78.9,' 你好 ']
>>> print(blist.index("hello"))
0
```

方法二

```
>>> blist=['hello',56,78.9,' 你好 ']
>>> print(blist.index(56,1,3))
1
```

由此，我们可以借助 index() 函数，列出每个字母的位置，这样就可以知道密码"pmkc"中 4 个字母分别在列表的什么位置，例如，查找字母"p"的位置的参考程序如下。

```
>>> b=[]                  # 建立一个空列表 b
>>> number=a.index("p")   # 查找列表 a 中第一个字母"p"的下标，并将其存储到变
                            量 number 中
```

7.3.3 append() 函数

append() 函数用来在列表的最后添加新元素，参考程序及运行结果如下。

```
>>> alist=[45,89]
>>> alist.append(95)
>>> print([alist])
[[45, 89, 95]]
```

由此，我们就可以让计算机找到一个字母并记录该字母了，第 1 关挑战的参考程序及运行结果如下。

```
>>> a=list('abcdefghijklmnopqrstuvwxyz')   # 将字符串 a~z 转换成列表，并
                                             将其存放到列表 a 中
```

```
>>> b=[]                          #建立一个空列表 b
>>> number=a.index("p")           #查找列表 a 中第一个字母"p"的下标,并将其存储到变量
                                    number 中
>>> b.append(a[number+2])         #将变量 number 的值加 2,然后将列表 a 中该位置的
                                    元素复制一份,并将其存放到列表 b 中
>>> number=a.index("m")           #查找列表 a 中字母"m"的下标,并将其储到变量 number 中
>>> b.append(a[number+2])
>>> number=a.index("k")           #查找列表 a 中字母"k"的下标,并将其储到变量 number 中
>>> b.append(a[number+2])
>>> number=a.index("c")           #查找列表 a 中字母"c"的下标,并将其储到变量 number 中
>>> b.append(a[number+2])
>>> print(b)                      #输出列表 b 中的元素
['r', 'o', 'm', 'e']
```

运行程序，结果和小明测算的结果一致，都是"rome"，闯关成功！
这时，小明又收到一封邮件。

恭喜你！顺利闯过了第 1 关！快来继续挑战吧！

第 2 关的挑战内容如下。

恺撒大帝为感谢写出程序的你，特意准备了一份礼物，但只有闯
关成功才能领取。任务如下：房间里有若干个礼物盒子（盒子数量在
1~100），但只有一个盒子里放的是真的礼物，而你也只有一次选择的机会。
每个盒子上都标有一个不超过 100 的自然数，若你能从中找到最大值和最
小值，并求出两者之和，就能得到礼物。

第 2 关题目解析：阅读第 2 关的挑战内容得知，我们对礼物盒子的数
量并不明确，并且它和上一关的程序密切相关，但也有我们没学过的新知
识。同样，我们借助表格对其进行梳理（见表 7-2）。

表7-2　第2关编程步骤的梳理

设计思路	编程内容	知识点
确定盒子的数量	输入盒子的数量 N（$1 \leqslant N \leqslant 100$）	input() 函数
为每个盒子设计一个随机的不超过100的自然数	导入随机数模块，并输入要生成随机数的数量	improt.random() 函数
存储随机数	建立一个新列表存储随机数	创建空列表 b[]
按照顺序逐个比较大小	循环（1～输入的数 +1）次，把生成的随机数按照循环顺序存储到列表中	for i in range() 函数和 append() 函数
找到最大值	取出数值最大的一项	max() 函数
找到最小值	取出数值最小的一项	min() 函数
求出最大值和最小值的和	计算两者之和并输出	print() 函数

7.3.4 随机数模块

Python 中自带随机数 random 模块，使用前需要先将其导入，格式为：import random。其中，randint() 是 random 模块中的一个方法，用于生成一个指定范围内的随机数。格式为：random.randint(a,b)。其中，a 代表最小值，b 代表最大值。举例如下。

```
>>>import random              # 导入随机数模块
>>>a= random.randint(1,10)    # 在1~10随机生成一个数
```

"为每个盒子随机设计一个 1~100 的自然数"的参考程序如下。

```
>>>b.append(random.randint(1,100))    # 在1~100随机生成一个自然数，并将
                                           其存储在列表 b 中
```

使用最大值和最小值函数来解决最值问题。max() 函数用来获取最大值，格式为：max(x,y,z,……)。其中，x、y、z 均表示表达式，举例如下。

```
>>> a=max(1,2,3,4,5)
>>> print(a)
5
```

因此，找出这组随机数中最大值的参考程序如下。

```
>>>top=max(b)    # 将列表 b 中最大的数值存储在变量 top 中
```

此外，min() 函数用来获取最小值，格式为：max(x,y,z,……)。其中，x、

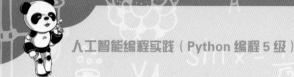

y、z 均表示表达式，举例如下。

```
>>>a=min(1,2,3,4,5)
>>>print(a)
1
```

因此，找出这组随机数中最小值的参考程序如下。

```
>>>down=min(b)    #将列表b中最小的数值存储在变量down中
```

通过学习随机数模块、max() 函数和 min() 函数，小明能够编程实现随机生成指定范围的整数，并且可以快速找出最大值和最小值了。第 2 关的参考程序如下。

```
import random
a=int(input("请输入随机数的个数："))
b=[]
for i in range(1,a+1):
    b.append(random.randint(1,100))
top=max(b)
down=min(b)
print(b)
print(top+down)    #输出最大值和最小值的和
```

输入随机数的个数 12，程序的运行结果如图 7-1 所示。

```
请输入随机数的个数：12
[5, 93, 49, 71, 78, 3, 37, 56, 45, 42, 12, 50]
96
>>>
```

图7-1　第2关程序的运行结果

7.4　实践任务

完成挑战后，小明突然发现解读恺撒密码的程序只能针对"pmkc" 4 个字母，缺少交互性，而且程序中重复的语句太多。老师曾说，重复的事情可以用循环来解决，缺少交互性可以用输入来解决。于是，我们需要对程序进行优化，优化后的参考程序如下。

```
a=list('abcdefghijklmnopqrstuvwxyz')
b=[]
c=int(input("请输入偏移值："))
password=int(input("请输入密码数量："))
for i in range(password):
    number=a.index(input("请输入第"+str(i+1)+"个字母："))
    b.append(a[number+c])
print(b)
```

运行程序，输入相应的数值和字母，运行结果如图7-2所示。

```
请输入偏移值：2
请输入密码数量：4
请输入第1个字母：p
请输入第2个字母：m
请输入第3个字母：k
请输入第4个字母：c
['r', 'o', 'm', 'e']
>>>
```

图7-2　优化后程序的运行结果

计算机喜欢做重复的事情，所以优化程序可以大大提高运行的效率，节省更多的时间，我们要善于综合运用知识，编写最优化的程序。

7.5　思维拓展

使用循环遍历列表

虽然借助 max() 和 min() 函数可以成功找到最大值和最小值，但小明想知道程序是怎么找到它们的。这个问题我们可以通过一个打擂台的游戏来理解，首先设一个擂主 top=-1，将取得最高分数的选手作为擂主，然后让擂主和选手(每一个随机数)逐一进行比较，分数较大的选手当新擂主，以此类推，这样就可以得到最大值。同理，如果让分数较小的选手当新擂主，

就可以找到最小值。

这里就有一个我们没有学习过的新知识：len() 函数。该函数表示返回对象（字符、列表、元组等）的长度或项目的个数。格式为：len(对象)，举例如下。

```
>>> s=[1,2,3,4,5,6,7,8,9,10]
>>> print(len(s))
10
```

所以在第 2 关的程序中，我们就是借用了打擂台的思路来完成最大值和最小值的查找，并进行求和的。打擂台的参考程序如下。

```
import random as r
a=int(input("请输入随机数的个数："))
top=-1
down=999
b=[]
for i in range(1,a+1):
    b.append(r.randint(1,100))
for i in range(len(b)):
    if b[i]>top:
        top=b[i]
for i in range(len(b)):
    if b[i]<down:
        down=b[i]
print(b)
print(top)  # 输出最大值
print(down) # 输出最小值
```

在程序中输入随机数的个数 5，程序的运行结果如图 7-3 所示。

```
请输入随机数的个数：5
[77, 43, 92, 27, 52]
92
27
>>>
```

图7-3　打擂台程序的运行结果

7.6 巩固练习

1. 下列程序运行结果正确的是（　　　）。

A. >>>p=list(' 我爱编程 ')

>>>print(p)

[' 我 ', ' 爱 ', ' 编 ', ' 程 ']

B. >>> alist=[' 最 ',' 大 ',' 值 ',' 是 ',56]

>>> print(alist.index("56"))

5

C. >>> alist=[1,3]

>>> alist.append(2)

>>> print([alist])

[[1, 2, 3]]

D. >>> c=min(1,2,3,4,5)

>>> print(c)

5

2. 勇闯两关的小明又收到了一封邮件：祝贺勇士，你用智慧征服了我！现在请你再帮我一个忙：我有 N 名士兵（10 ≤ N < 1000），这些士兵的体重在 60~90kg，去除最重的体重和最轻的体重后，请问士兵们的平均体重是多少？请你编程来帮助小明解决这个问题吧。

7.7 自我评价

知识达成		☆ ☆ ☆ ☆ ☆
能力达成	巩固练习 1	☆ ☆ ☆ ☆ ☆
	巩固练习 2	☆ ☆ ☆ ☆ ☆
总评		☆ ☆ ☆ ☆ ☆

8 算法概述

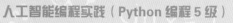

8.1 学习目标

1. 理解算法的定义。

2. 掌握枚举的方法，能够应用枚举的方法解决实际问题。

3. 理解二分查找算法的原理。

8.2 情境导入

打算出门踢足球的小明被雨困在了家中，艾罗看到失望的小明，说："虽然下雨了，但我们可以在家里玩游戏呀。"

小明："玩什么游戏呢？"

艾罗："我们玩猜数游戏吧。你现在想一个 1~10 的整数，我来猜你想的是哪一个数。"

小明："好呀，我已经想好了，你来猜吧。"

艾罗："是不是 0？"

小明摇摇头，艾罗又问："是不是 1？"

小明摇摇头，艾罗接着问："是不是 2？"

小明摆摆手，艾罗继续问："3 呢？"

小明表示不是，艾罗再问："4 呢？"

小明继续摇头，艾罗又继续问："5呢？"

小明无奈地说："是的，但是，如果我想的数是10，你要一直说到10吗？"

艾罗："当然了。"

小明："这个方法确实可以找出我猜的数，但效率太低呀！"

艾罗："这是算法中的枚举法，还有另外一种效率较高的方法，是二分查找算法。"

小明："二分查找算法是什么方法呢？可以举个例子吗？"

艾罗："当然，我们重新开始猜数游戏，但是你要告诉我，我猜到的数和你心里想的数比是大了还是小了。"

小明："好呀，我想好了，快来猜吧！"

艾罗："是不是5。"

小明："小了。"

艾罗："8。"

小明："小了。"

艾罗："9或者10。"

小明非常吃惊："是的，这次怎么这么快！我以为你要猜10次呢！"

艾罗："我知道了，是10对吗？"

小明点点头。

艾罗："这就是二分查找算法。下面我们一起来学习枚举法和二分查找算法吧。"

8.3 知识讲解

8.3.1 什么是算法

当解决问题时，我们需要确认解决问题的步骤，也就是处理问题的策

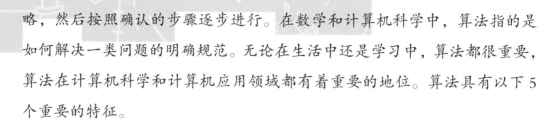

略，然后按照确认的步骤逐步进行。在数学和计算机科学中，算法指的是如何解决一类问题的明确规范。无论在生活中还是学习中，算法都很重要，算法在计算机科学和计算机应用领域都有着重要的地位。算法具有以下 5 个重要的特征。

（1）有穷性：一个算法必须保证执行有限步之后能够结束。

（2）确切性：算法的每个步骤要有确切的定义，确认解决事情的方法。

（3）输入：一个算法有 0 个或多个输入，以刻画运算对象的初始情况。

（4）输出：一个算法有 1 个或多个输出，以反映对输入数据加工后的结果。没有输出的算法是无意义的。

（5）可行性：算法原则上要能够精确地运行，而且我们用笔和纸做有限次运算后即可完成。

8.3.2 枚举法

设想一下，如果我们身边有一把锁和一串钥匙，如果想知道哪把钥匙是开这把锁的，是不是要一个一个地试用钥匙，然后确认到底是哪一把呢？当然，也可能每一把钥匙都不合适。这种把每种可能的情况都考虑到，并对所有可能的结果进行逐一判断，去除不符合要求的结果、保留符合要求的结果的方法，叫作枚举法，在 Python 中称为枚举算法。

8.3.3 二分查找算法

二分查找也称折半查找，是一种效率较高的查找方法。二分查找算法就是不断地取数组的中间值，将比较范围一分为二，一步一步靠近目标，按需要留下其中一个小范围的算法。二分查找算法的前提是，该数组必须是一个有序数组，因为每次都是将要查找的值与数组元素的中间值进行比较，如果没有找到，则就在另一个范围里，重复以上操作，缩小范围。

8.4 实践任务

任务 1：利用枚举算法解决"百钱百鸡"问题。

"百钱百鸡"问题是我国古代数学家张丘建在《算经》一书中提出的数学问题：鸡翁一值钱五，鸡母一值钱三，鸡雏三值钱一。百钱买百鸡，问鸡翁、鸡母、鸡雏各几何？

这段古文的意思大概是：1 只公鸡卖 5 元（我们把古代 1 文钱当 1 元钱看待，便于理解，不影响题意），1 只母鸡卖 3 元，3 只小鸡卖 1 元，如今用 100 元买 100 只鸡，问可以买公鸡、母鸡、小鸡各多少只？

我们将公鸡的数量设置为变量 x 的值，母鸡的数量设置为变量 y 的值，小鸡的数量设置为变量 z 的值。1 只公鸡卖 5 元，100÷5=20，所以公鸡的数量不可能超过 20 只。同样的方法，我们可以确认母鸡的数量不可能超过 33 只，那么小鸡数量就是（100-x-y）只。参考程序如下。

```
for x in range(0,20):              # 将公鸡的数量设置为变量 x 的值
    for y in range(0,33):          # 将母鸡的数量设置为变量 y 的值
        z=100-x-y                  # 将小鸡的数量设置为变量 z 的值
        if 5*x+3*y+z/3 == 100:     # 利用枚举法确认变量 x、y、z 的值
            print('公鸡: ',x,' 母鸡: ',y,' 小鸡: ',z)
```

程序的运行结果如图 8-1 所示。

```
公鸡:   0  母鸡:  25  小鸡:   75
公鸡:   4  母鸡:  18  小鸡:   78
公鸡:   8  母鸡:  11  小鸡:   81
公鸡:  12  母鸡:   4  小鸡:   84
>>>
```

图8-1 "百钱百鸡"程序的运行结果

任务 2：利用二分查找算法完成猜数游戏。

同学们经常玩猜数的游戏：给定 1~10 的范围，假设猜的数字是 3，

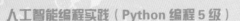

当你说出一个数字的时候，其他人会告诉你猜的数字是大了还是小了。了解二分查找算法的同学在第一次猜数时会说 5，通过对方的回答就可以将范围缩小一半。以下是猜测过程举例。

（1）猜数字 5，如果对方说大了，那么答案就在 1~4 之间。

（2）猜数字 2，如果对方说小了，那么答案就在 3~4 之间。

（3）猜数字 4，如果对方说大了，那么答案就是 3。

猜数游戏的参考程序如下。

```python
def binary_search(list,data):    #使用二分查找算法猜数，list 表示数组，data
                                  表示待查的数字
    n = len(list)                #计算数组元素的个数
    mid = n // 2                 #算出数组元素个数的中间值
    if list[mid] > data:
        return binary_search(list[0:mid],data)
                                 #在数组的前半个区间内进行比较
    elif list[mid] < data:       #在数组的后半个区间内进行比较
        return binary_search(list[mid+1:],data)
    else:
        return mid               #找到目标数字后返回值，确认目标数字的位置
my_list = [1, 3, 5, 7, 9]
print(binary_search(my_list,3))
```

运行程序，得出结果为 1 。

8.5　思维拓展

在一个长度为（n-1）的递增排序的数组中，所有数字都是唯一的，并且每个数字都在 0~（n-1）之间。但是在 0~（n-1）之间的 n 个数字中，有且只有一个数字不在该数组中，请找出这个数字。

在递增排序的数组 [0,1,3] 中，找出不在数组中的数字，参考程序如下。

```
def missingNum(a):
    left=0                                  # 数组最左边位置的序列
    right=len(a)-1                          # 数组最右边位置的序列
    mid=int(left+round((right-left)/2))     # 数组中间位置的序列
    while left<right:
        if(a[mid]==mid):                    # 左边位置不缺数
            left=mid+1
        else:
            right=mid
    if a[left]==left:                       # 如果 left 前面的数字全部有序
        return left+1
    return left                             # 已经找到该数字
array=[0,1,3]
print(missingNum(array))
```

运行程序，可得元素 2 不在该数组中。

在生活中，我们会根据生活经验猜商品的价格；在工程中，我们通过二分查找算法快速查找故障点，比如修电路、水管等，每查一次，我们就可以把待查的线路缩减一半。另外，二分原理还可以应用于辨真伪、除次品等。

8.6　巩固练习

1. 首先，从数组的中间元素开始搜索，如果该元素正好是目标元素，则搜索过程结束，否则执行下一步。如果目标元素大于/小于中间元素，则在数组大于/小于中间元素的那一半区域查找，重复该步骤。如果某一步数组为空，则表示找不到目标元素。该算法我们称之为（　　　）。

A. 插入排序算法　　　　　　　　B. 二分查找算法

C. 选择排序算法　　　　　　　　D. 希尔排序算法

2. 下列关于二分查找算法，叙述正确的一项是（　　）。

A. 二分查找算法适用于数据量较小时，数据不需要事先排好顺序

B. 二分查找算法适用于数据量较小时，数据需要事先排好顺序

C. 二分查找算法适用于数据量较大时，数据不需要事先排好顺序

D. 二分查找算法适用于数据量较大时，数据需要事先排好顺序

8.7　自我评价

知识达成		☆ ☆ ☆ ☆ ☆
能力达成	巩固练习 1	☆ ☆ ☆ ☆ ☆
	巩固练习 2	☆ ☆ ☆ ☆ ☆
总评		☆ ☆ ☆ ☆ ☆

9.1　学习目标

1. 掌握插入排序法的原理，了解选择排序法的时间复杂度。
2. 通过插入排序法对数据进行排列。

9.2　情境导入

　　小明加入了学校的国旗队，小明所在的队伍由 5 名同学组成。今天，有一名新同学经过选拔也加入了国旗队。新同学比小明高一点，比小明后面的同学矮一点。于是小明热情地对新来的同学说：你可以排在我的后面。

　　想一想，如果小明所在队伍没有事先排好队，我们应该怎么完成排队呢？

　　同学们在集合之前，队伍是无序的。在集合的过程中，第 1 名同学先站好，第 2 名同学根据身高找到自己的位置，第 3 名同学再根据身高找到自己的位置，此时队伍已经有 3 个人了。接着，第 4 名同学依然根据身高找到自己的位置，此时队伍已有 4 个人。以此类推，当 6 名同学都找到自己的位置时，我们利用插入排序法进行的队伍排列就完成了。

9.3 知识讲解

9.3.1 插入排序法

插入排序法，一般也称为直接插入排序法。对于少量元素的排序，它是一个有效的算法。插入排序是一种最简单的排序方法，基本思想是：将一个数据插入到已经排好序的有序数列中，从而形成一个新的有序数列。在编程实现插入排序的过程中，使用了双层循环，外层循环针对除了第一个元素之外的所有元素，内层循环对当前元素前面待插入位置进行查找和移动。

9.3.2 插入排序法的性能

如果插入排序的目标是将 n 个元素进行升序排列，最好情况和最坏情况分别是什么？

最好情况：序列已经是升序序列，在这种情况下，我们只需要进行（$n-1$）次比较即可。

最坏情况：序列是降序序列，那么此时需要比较的次数为 $n(n-1)/2$ 次。

平均来说，插入排序法的复杂度为 $O(n^2)$。

9.4 实践任务

任务 1：利用插入排序法，编程实现对数列 [8,2,5,7,4] 的升序排序。

第 1 步，从未排序的数列中取出一个元素。

第 2 步，从后往前，将其和已经排好序的元素进行比较，若遇到比自己小的元素，则插入此元素之后；若没有比自己小的元素，则插入数列的最前面。

第 3 步，重复以上步骤，直到未排序数列全部完成排序。

利用插入排序法对数列 [8,2,5,7,4] 进行升序排序的过程如图 9-1 所示。

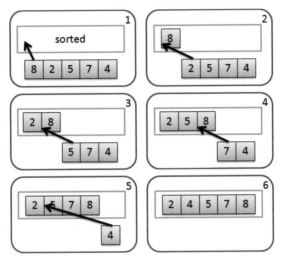

图9-1 利用插入排序法进行升序排序的过程

利用 Python 语言对数列 [8,2,5,7,4] 进行升序排序，参考程序如下。

```python
def insertsort(arr):
    for i in range(len(arr)):            #确认当前需要比较的数
        pre = i-1
        current = arr[i]
        while pre >= 0 and arr[pre] > current:
        #如果需要比较的数小于当前位置上的数,则将当前位置及后面的数全部向后移动
            arr[pre+1] = arr[pre]
            pre-=1
        arr[pre+1] = current
    return arr
arr=[8,2,5,7,4]
print(insertsort(arr))
```

程序运行结果如图 9-2 所示。

$$[2,\ 4,\ 5,\ 7,\ 8]$$

图9-2　对数列[8,2,5,7,4]进行升序排序程序的运行结果

此外，我们还可以在程序中加入语句"print(arr)"来确认排序的过程，该过程和图 9-1 所示过程一致。参考程序如下。

```python
def insertsort(arr):
    for i in range(len(arr)):
        pre = i-1
        current = arr[i]      # 确认过程
        print(arr)
        while pre >= 0 and arr[pre] > current:
            arr[pre+1] = arr[pre]
            pre-=1
        arr[pre+1] = current
    return arr
arr=[8,2,5,7,4]
print(insertsort(arr))
```

程序运行结果如图 9-3 所示。

```
[8, 2, 5, 7, 4]
[8, 2, 5, 7, 4]
[2, 8, 5, 7, 4]
[2, 5, 8, 7, 4]
[2, 5, 7, 8, 4]
[2, 4, 5, 7, 8]
```

图9-3　确认排序过程程序的运行结果

任务 2：利用插入排序法，编程实现对数列 [8,2,5,7,4] 的降序排序。

对数列 [8,2,5,7,4] 进行降序排序的参考程序如下。

```python
def selectionSort(arr):
    for i in range(len(arr) - 1):
```

```
    #记录最小数的索引
    maxIndex = i
    for j in range(i + 1, len(arr)):
        if arr[j] > arr[maxIndex]:
            maxIndex = j
    if i != maxIndex:
        arr[i], arr[maxIndex] = arr[maxIndex], arr[i]
    return arr
arr=[8,2,5,7,4]
print(selectionSort(arr))
```

程序运行结果如图9-4所示。

$$[8,\ 7,\ 5,\ 4,\ 2]$$

图9-4　对数列[8,2,5,7,4]进行降序排序程序的运行结果

任务3：对给定的 n 个正整数进行升序排序。

在程序中的第一行输入一个不超过 100 的正整数 n，在第二行输入 n 个整数，各数字间以空格分隔，输出升序排序后的一行数字。参考程序如下。

```
def selectionSort(arr):
    for i in range(len(arr) - 1):
        #记录最小数的索引
        minIndex = i
        for j in range(i + 1, len(arr)):
            if arr[j] < arr[minIndex]:
                minIndex = j
        #当i不是最小数时，将i和最小数进行交换
        if i != minIndex:
            arr[i], arr[minIndex] = arr[minIndex], arr[i]
    return arr
n=int(input())                    #按格式输入n个正整数
```

```
a=input().split()                    # 数字间以空格分隔
arr=list()
for i in range(n):
    arr.append(int(a[i]))            # 输入内容为数组
arr=selectionSort(arr)               # 输出内容为数组
for i in arr:
    print(i,end=" ")                 # 整理格式输出
```

在第一行输入整数4，在第二行输入4个整数，程序运行结果如图9-5所示。

```
4
5 1 7 6
1 5 6 7
```

图9-5   对给定的n个整数进行升序排序程序的运行结果

9.5   思维拓展

插入排序法是一个简单的排序方法。在编程中，因为其比较简单，所以一直受大家的欢迎，影响排序的主要原因是进行比较和移动的时间。

逐个进行比较还是需要一定的时间，因此，我们可以将二分查找算法和插入排序法结合使用。比如，我们先应用二分查找算法，找出已经排序好的数组，再将新的数据插入相应的位置。

9.6   巩固练习

1. 下列对插入排序法的叙述正确的是（   ）。

A. 对于大量元素，插入排序法是最有效的方法

B. 插入排序法使用的是双层循环，外层循环针对除了第一个元素之外的所有元素；内层循环对当前元素前面待插入位置的查找，并进行移动

C. 插入排序法是通过单层循环就可以完成的一种算法

D. 插入排序法无须应用循环语句就可以完成

2. 插入排序法的平均时间复杂度是（　　）。

3. 假设前面 $n-1$(其中 $n \geq 2$) 个数是有序的，现将第 n 个数插入已经排好顺序的序列中，使得插入第 n 个数后的序列也是有序的。按照此方法插入所有元素，直到整个序列都是有序的，我们把此方法称为（　　）。

A. 插入排序法　　　　　B. 选择排序法

C. 树形排序法　　　　　D. 希尔排序法

9.7　自我评价

知识达成		☆ ☆ ☆ ☆ ☆
能力达成	巩固练习 1	☆ ☆ ☆ ☆ ☆
	巩固练习 2	☆ ☆ ☆ ☆ ☆
	巩固练习 3	☆ ☆ ☆ ☆ ☆
总评		☆ ☆ ☆ ☆ ☆

10 选择排序法

10.1 学习目标

1. 掌握选择排序法的原理，了解选择排序法的时间复杂度。
2. 通过选择排序法对数据进行排列。

10.2 情境导入

上足球课之前，老师对大家说："同学们，我们班来了一位新同学，现在需要按照身高把新同学排进队伍中。"

老师一边说一边从队伍中找出个头最小的小林，然后又从剩下的队伍中找出个头最小的小王，让小王站在小林的后面，于是小林就和小王组成了一个新的队伍。再继续从剩下的队伍中找到个头最小的小楠，让小楠站到小王的后面。不停地把原来队伍里个头最小的同学排在新队伍的后面，当所有同学都重新排到新队伍后，新队伍就成了按身高进行排列的队伍了。

小明回到家后，对艾罗说："艾罗，我想问问你。今天教足球的老师按我们的身高进行排队，老师依次从队伍里找到最矮的同学，让他们站到新队伍的后面。这种排序方法是不是算法呢？"

艾罗："生活中处处都体现着算法，老师应用的是选择排序法。下面我就和你好好说一说选择排序法。"

10.3 知识讲解

选择排序法是一种简单直观的排序算法。基本思想是：首先在未排序的数列中找到最小（或最大）的元素，然后将其存放到数列的起始位置；接着，再从剩余的未排序元素中继续寻找最小（或最大）的元素，然后将其放到已排序数列的末尾。以此类推，直到所有元素均排序完毕。

利用选择排序法对数列 [8,2,5,7,4] 进行排序的过程如图 10-1 所示。

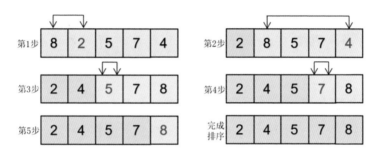

图10-1 利用选择排序法对数列进行排序的过程

第 1 步，假设第 1 个数字最小，然后依次比较，取得最小值的序号，也就是数字 2 的序号，然后将数字 2 与第 1 个数字互换，互换后的数列为 [2,8,5,7,4]。

第 2 步，取未排序部分的最小值 4，将 4 与第 2 位数字互换，互换后的数列为 [2,4,5,7,8]。

第 3 步，取未排序部分的最小值 5，将 5 与第 3 位数字互换，因为 5 本身就是第 3 位，所以数字 5 的位置不动，数列依然为 [2,4,5,7,8]。

第 4 步，取未排序部分的最小值 7，将 7 与第 4 位数字互换，因为 7 本身就是第 4 位，所以数字 7 的位置不动，数列依然为 [2,4,5,7,8]。

第 5 步，将未排序部分的数字 8 排在最后，即可完成排序。

数列的左边表示已排序部分，右边表示未排序部分，也有人把这个方

法称为"挡板法"，也就是挡板的左边是已排序部分，右边是未排序部分，每次的"选择"就是在"挡板"的右边找出最小（大）值，找出后将其和"挡板"后面的第一个数进行交换，然后再把挡板向右移一位，保证已排序部分在"挡板"的左边。

10.4 实践任务

任务 1：将一组数字升序排序。

从未排序部分中找到最小值，利用交换的方式将最小值放在已排序部分的末端，即将一组数字按照从小到大的顺序进行排列并将排序过程体现出来，步骤如下。

（1）从未排序部分中找到最小值。

（2）将该值与已排序部分的末端数字进行交换。

（3）重复以上步骤直到未排序部分全部完成排序。

实现上述功能的参考程序如下。

```python
def selectionSort(arr):
    for i in range(len(arr) - 1):    #记录最小值的索引值
        minIndex = i
        print(arr)                   #确认过程
        for j in range(i + 1, len(arr)):
            if arr[j] < arr[minIndex]:
                minIndex = j         #当i不是最小值时，将i和最小值进行交换
        if i != minIndex:
            arr[i], arr[minIndex] = arr[minIndex], arr[i]
    return arr
arr=[8,2,5,7,4]
print(selectionSort(arr))
```

程序的运行结果如图 10-2 所示。

$$
\begin{array}{l}
[8,\ 2,\ 5,\ 7,\ 4]\\
[2,\ 8,\ 5,\ 7,\ 4]\\
[2,\ 4,\ 5,\ 7,\ 8]\\
[2,\ 4,\ 5,\ 7,\ 8]\\
[2,\ 4,\ 5,\ 7,\ 8]
\end{array}
$$

图10-2　排序并体现排序过程的程序运行结果

任务 2：求考第 k 名学生的成绩。

在一次考试中，每名学生的成绩都不相同，现在知道了每名学生的成绩，求考第 k 名学生的成绩。运行程序后，在第一行输入两个正整数，分别表示学生的人数 n（$1 \leqslant n \leqslant 100$）和第 k（$1 \leqslant k \leqslant n$）名学生的序号，从第二行起，共有 n 行，表示 n 名学生的成绩（成绩为浮点数）。参考程序如下。

```python
def selectionSort(arr):
    for i in range(len(arr) - 1):   #记录最大值的索引值
        maxIndex = i
        for j in range(i + 1, len(arr)):
            if arr[j] > arr[maxIndex]:
                maxIndex = j    #当i不是最高分数时，将i和最高分数进行交换
        if i != maxIndex:
            arr[i], arr[maxIndex] = arr[maxIndex], arr[i]
    return arr
a=input().split()
n=int(a[0])
k=int(a[1])
arr=[]
for i in range(n):
    arr.append(float(input()))
arr=selectionSort(arr)
```

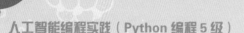

```
print(arr[k-1])
```

在程序中输入 n 的值为 5，k 的值为 2，5 名学生的成绩分别为 67.8、93.5、67、96 和 73.5，程序运行结果如图 10-3 所示。

```
5 2
67.8
93.5
67
96
73.5
93.5
```

图10-3　求考第 k 名学生成绩的程序运行结果

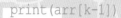

10.5　思维拓展

选择排序是一种排序算法，每次从排序的记录中选出关键字并记录下来，按顺序放在有序的序列中，直到全部完成排序。我们可以想一想选择排序的特点。假设排序的序列有 n 个元素，则比较的总次数是 $n(n-1)/2$，而且移动的次数与序列的初始排序有关。

10.6　巩固练习

1.（　　）是一种不稳定的排序算法。它的工作原理是：每次从待排序的数据中选出最小（或最大）值，将其放在序列的起始位置，然后，再从剩余未排序部分中继续寻找最小(大)值，然后将其放到已排序部分的末尾。以此类推，直到全部待排序的数据都完成排序。

A. 插入排序法　　　　　　B. 图形排序法

C. 选择排序法　　　　　　D. 希尔排序法

2. 利用选择排序法对数列 [2,1,4,8,6] 进行排序，需要交换（　　　）次。

10.7　自我评价

知识达成		☆ ☆ ☆ ☆ ☆
能力达成	巩固练习 1	☆ ☆ ☆ ☆ ☆
	巩固练习 2	☆ ☆ ☆ ☆ ☆
总评		☆ ☆ ☆ ☆ ☆

11 冒泡排序法

11.1 学习目标

1. 理解冒泡排序法的基本原理。

2. 能够使用冒泡排序法对数据进行排列。

11.2 情境导入

小明是班级的体育委员，在课间操活动中，小明组织同学们站队，但是大家在操场上混成一排。

艾罗："要让同学们自发地排队，什么样的规则才能快速、准确地定位每名同学的位置呢？"

小明："按照学号进行排队，小号在前，大号在后。"

艾罗："当然可以，但是这样排出来的队伍会显得高矮不齐。"

小明："我有全班同学的姓名、学号、身高等信息，我可以试着将同学们的身高从小到大进行排列，然后再让大家排队，但是要花一些时间。"

艾罗："是的，其实我们可以用冒泡排序法来解决这个问题。"

小明："什么是冒泡排序法呢？"

艾罗："下面我们就来一起学习吧。"

11.3 知识讲解

11.3.1 冒泡排序法的基本原理

通过学习，我们掌握了插入排序法和选择排序法的原理和实现方法。与之类似，冒泡排序法也是使用相似的思想对数据进行排序。在排序的过程中，数据就像水中的气泡一样，较小（较大）的数会逐个向后移动，直到完成排序。

如果 6 名同学的身高分别为 149cm、145cm、144cm、148cm、142cm 和 140cm，从第一个数据 149 开始排序，最终实现这组数据的升序排序。

第 1 轮排序：比较相邻的两个数据。比如，149 与相邻的 145 进行比较，149 ＞ 145，将两者进行调换；149 ＞ 144，将两者进行调换……由于 149 是最大数，所以会浮动到最后的位置，成为第 1 轮排序中第一个排好序的数据（见图 11-1）。

149	145	144	148	142	140
145	149	144	148	142	140
145	144	149	148	142	140
145	144	148	149	142	140
145	144	148	142	149	140
145	144	148	142	140	149

循环5次

图11-1 第1轮排序

第 2 轮排序：此时未排序部分为"145、144、148、142、140"。145 ＞ 144，将两者进行调换；145 ＜ 148，不进行调换；148 ＞ 142，将两者进行调换；148 ＞ 140，将两者进行调换。第 2 轮的排序结束，148 浮动到正确的位置（见图 11-2）。

145	144	**148**	**142**	**140**	**149**
144	145	148	**142**	**140**	**149**
144	**145**	148	142	**140**	**149**
144	**145**	**142**	148	**140**	**149**
144	**145**	**142**	**140**	148	**149**

循环4次

图11-2　第2轮排序

第 3 轮排序：此时未排序部分为"144、145、142、140"。144 < 145，不进行调换；145 > 142，将两者进行调换；145 > 140，将两者进行调换，最终 145 浮动到正确的位置（见图 11-3）。

144	145	**142**	**140**	**148**	**149**
144	145	142	**140**	**148**	**149**
144	**142**	145	140	**148**	**149**
144	**142**	**140**	**145**	**148**	**149**

循环3次

图11-3　第3轮排序

第 4 轮排序：此时未排序部分为"144、142、140"。重复上述操作步骤，依次对比，144 > 142，将两者进行调换；144 > 140，将两者进行调换，最终 144 浮动到正确的位置（见图 11-4）。

144	142	**140**	**145**	**148**	**149**
142	144	140	**145**	**148**	**149**
142	**140**	**144**	**145**	**148**	**149**

循环2次

图11-4　第4轮排序

第 5 轮排序：此时未排序部分为"142、140"。因为 142 > 140，将两者进行调换。当只剩一个数据的时候，不需要进行比较，所有的数据都已完成排序（见图11-5）。

| 142 | 140 | **144** | **145** | **148** | **149** |
| **140** | 142 | 144 | 145 | 148 | 149 |

循环1次

图11-5 第5轮排序

11.3.2 总结

通过上述分析，我们发现，每一次排序都是相邻两个数据之间进行比较，把大的数据向后移动，每一轮排序都是从未排序部分的头部开始，将未排序部分的尾部向前移动一个位置。所以我们可以使用双重循环和条件判断语句来实现冒泡排序算法，外层循环控制排序的次数，当然也包含排序的尾部位置；内层循环用于循环比较相邻两个数据的大小，将大的数据移至循环的末尾。

11.4 实践任务

任务1：使用单层循环实现第1轮冒泡排序。

在IDLE环境中新建一个文件，将其命名为"Bubble_sort_1.py"，然后编写程序，获得第1轮排序的结果，参考程序如下。

```
s=[149,145,144,148,142,140]  #新建列表s
start=1  #变量start代表未排序部分的第2个元素，start-1代表头部位置
end=len(s)-1                 #变量end代表序列的末尾位置，是终止的标记
while start <= end:
    if s[start]<s[start-1]:
        s[start],s[start-1]=s[start-1],s[start]
#使用while循环和选择判断语句，当后一个元素小于前一个元素时，调换两个元素的位置
```

```
    start=start+1          # 自增操作
    print(s)               # 打印每一次调换位置后，序列的排序结果
```

程序运行结果如图 11-6 所示。

```
[145, 149, 144, 148, 142, 140]
[145, 144, 149, 148, 142, 140]
[145, 144, 148, 149, 142, 140]
[145, 144, 148, 142, 149, 140]
[145, 144, 148, 142, 140, 149]
```

图11-6　第1轮排序的结果

通过上述结果，我们看到列表中的最大值 149 经过 5 次比较、移动后到了数列的末尾。接下来进行第 2 轮排序，将变量 end 的值设置为 len(s)−2。

```
s=[145,144,148,142,140,149]
start=1
end=len(s)-2     # 将变量 end 的值设置为 len(s)-2
while start <= end:
    if s[start]<s[start-1]:
        s[start],s[start-1]=s[start-1],s[start]
    start=start+1
    print(s)
```

程序的运行结果如图 11-7 所示。

```
[144, 145, 148, 142, 140, 149]
[144, 145, 148, 142, 140, 149]
[144, 145, 142, 148, 140, 149]
[144, 145, 142, 140, 148, 149]
```

图11-7　第2轮的排序结果

经过第 2 轮排序，列表中的 148 移动到了倒数第二的位置上。按照上述方法进行排列，我们可以通过修改变量 end 的值，继续进行第 3 轮和第 4 轮排序，从而得到一个升序序列，但是这种方法需要手动控制每次遍历的范围。

任务2：使用双层循环实现对数列第1轮冒泡排序的控制。

我们对前面的程序进行简单的修改，修改后的参考程序如下。

```
s=[149,145,144,148,142,140]
start=1
end=len(s)-1
while end>=1:
    start=1
    while start<=end:
        if s[start]<s[start-1]:
            s[start],s[start-1]=s[start-1],s[start]
        start=start+1
    end=end-1
print(s)
```

在上述程序中，我们增加了一个循环语句，外层循环控制排序的区间，控制的条件是变量end的值大于等于1，从而完成了全部的冒泡排序。程序的运行结果如图11-8所示。

```
[145, 144, 148, 142, 140, 149]
[144, 145, 142, 140, 148, 149]
[144, 142, 140, 145, 148, 149]
[142, 140, 144, 145, 148, 149]
[140, 142, 144, 145, 148, 149]
```

图11-8　使用双层循环实现冒泡排序程序的运行结果

任务3：优化程序。

对上述程序，循环的每一个步骤计算机都会执行。设想一下，如果数据的某一部分本身就是有序的，例如班级里来了3名同学，身高分别为150cm、151cm、152cm，他们是班级里较高的同学，并且已经有序地站在了队伍的末尾。此时的数据变为了[149,145,144,148,142,140,150,151,152]，数据"150,151,152"已经在正确的位置上了，我们要怎样操作才能让计算机尽可能少地调用资源呢？

通过观察发现，若一个数据在循环中，位置没有发生变化，就可以证

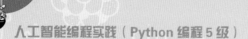

明该数据已经在正确的位置上了，所以我们可以通过标记，判断是否要继续执行后续的操作。

```python
s=[149,145,144,148,142,140,150,151,152]
start=1
end=len(s)-1
flag=1        #增加标记flag
while end>=1 and flag==1:
    start=1
    while start<=end:
        if s[start]<s[start-1]:
            s[start],s[start-1]=s[start-1],s[start]
            flag=1
        start=start+1
    end=end-1
    print(s)
```

我们在第 4 行程序中增加了标记 flag，将其初始值设置为 1，循环内将其值设置为 0，当该位置的数据执行了调换后，重新将其设置为 1，最外层的循环判断该点是否被重新打标为 1，如果其值是 0，证明该点未发生变化，则不再继续执行当前循环，程序运行结果如图 11-9 所示。

```
[145, 144, 148, 142, 140, 149, 150, 151, 152]
[144, 145, 142, 140, 148, 149, 150, 151, 152]
[144, 142, 140, 145, 148, 149, 150, 151, 152]
[142, 140, 144, 145, 148, 149, 150, 151, 152]
[140, 142, 144, 145, 148, 149, 150, 151, 152]
[140, 142, 144, 145, 148, 149, 150, 151, 152]
```

图11-9 增加标记后的执行结果

11.5 思维拓展

逆序对

对于一个包含数字的序列 S，序列中的数字各不相同，$S[i]$ 代表序列

的第 i 个元素。在序列中，如果存在正整数 j，使得 $1 \leq i \leq j \leq n$，并且满足 $S[i] > S[j]$，那么我们就称 $S[i]$ 和 $S[j]$ 构成了序列 S 的一个逆序对。在算法的学习中，有时需要统计逆序对的数量，我们发现其实冒泡排序中交换数据的次数就是逆序对的数量，每一次的冒泡排序操作都会消除一个逆序对。如 [3,5,1,4] 的逆序对数是 3 个，分别是 [3,1]、[5,1]、[5,4]，在第 1 轮排序过程中，5 分别与 1、4 进行调换，序列变为 [3,1,4,5]，逆序对只有 [3,1]，两次调换减少了两个逆序对。

11.6 巩固练习

1. 对于一个由 5 个不同数字组成的序列，在最坏的情况下，冒泡排序算法要执行（   ）次操作才可以实现该序列的有序排列。

2. 对于序列 [5,4,2,6,3,1]，它的逆序对的数量是（   ）。

A. 8 个   B. 10 个   C. 11 个   D. 12 个

3. 请编程实现对字符串 ['spring','summer','autumn','winter','season'] 的降序排列。

11.7 自我评价

知识达成		☆ ☆ ☆ ☆ ☆
能力达成	巩固练习 1	☆ ☆ ☆ ☆ ☆
	巩固练习 2	☆ ☆ ☆ ☆ ☆
	巩固练习 3	☆ ☆ ☆ ☆ ☆
总评		☆ ☆ ☆ ☆ ☆

12.1 学习目标

1. 掌握 range() 函数的用法。

2. 学会使用自定义函数。

3. 能够通过编程解二元一次方程组。

12.2 情境导入

在老师的带领下，小明与同学们来到乡下参加社会实践活动，大家被分配到不同的农家做农活。艾罗被分配到一户动物养殖的农家给动物喂食。

艾罗："你知道投喂饲料的分量是怎么得来的吗？"

小明思考了一会，答道："如果知道一只鸡或者一只兔子每天的食物摄入量，将其乘以相应动物的个数就可以得出。"

艾罗："不错，可是如何才能知道它们的数量呢？"

小明："我数一数，1、2、3……，哎呀，鸡和兔子跑来跑去，真难数。"

艾罗："如果把它们放在一个笼子里，是不是会好数一些？"

小明："那当然。"

艾罗："那我考考你，在《孙子算经》里有这样一道有趣的题目：如果一个笼子里有鸡和兔子两种动物，通过数数得知共有 35 个头，94 只脚，请问两种动物各有多少只？"

小明："可以使用枚举法，假设当兔子有 1 只，鸡有 1 只时，比较头和脚的数量，依次类推当兔子有 1 只，鸡有 2 只时……"

艾罗："这样计算是可行的，但有没有更巧妙的算法帮助我们计算呢？"

12.3 知识讲解

12.3.1 range()函数

在前面的学习中，我们使用 for 循环来遍历列表中的元素，并且 range() 函数主要和 for 循环结合使用。我们先来回顾一下 range() 函数，该函数的基本结构为：range(起点，终点)，括号中共包含两个参数，分别代表起点和终点，举例如下。

```
for x in range(0,6):
    print(x)
```

程序的运行结果如图 12-1 所示。

图12-1　使用range()函数输出的结果

在上述程序中，使用 range() 函数输出的是数字 0~5，终点的选取是右侧开区间，实际上，该函数返回的是一个每次递增步长为 1 的数字。range() 函数其实还有一个可以增加维度的参数，即 range(起点,终点,步长)。如果不特殊说明，我们默认程序的步长为 1，如果将步长设置为 3，结果会有什么变化呢？

```
for x in range(0,20,3):
    print(x)
```

程序的运行结果如图 12-2 所示。

```
0
3
6
9
12
15
18
```

图12-2 步长为3的程序运行结果

既然我们可以自由定义步长，那么步长可以是负数吗？我们来试一下，将步长设置为 -3，这样相当于倒退查找，所以数列应该是递减输出。参考程序如下。

```
for x in range(30,0,-3):
    print(x)
```

程序的运行结果如图 12-3 所示。

```
30
27
24
21
18
15
12
9
6
3
```

图12-3 步长为-3的程序运行结果

通过设置不同的步长可以输出一串等差数列，如果要计算 0~50 所有奇数的和，需要怎么操作呢？我们可以新建变量 sum 来记录每次叠加的结果，参考程序如下。

```
sum=0
for x in range(1,50,2):
```

```
    sum=sum+x
print(sum)
```

运行程序，得到的结果是625。

12.3.2 自定义函数的设计

根据求奇数和的方法，我们可以通过更改区间，求任意数字段所有奇数的和。如果要计算很多组数据，重复的内容较多时，我们可以采用自顶向下、步步分解的方法，简单来说就是模块化的思想，将一个复杂的问题拆分成子问题进行求解，子问题还可以继续拆分，直至该问题变得明确清晰。由此，我们引入自定义函数的内容。

函数其实就是利用一段代码来重复地做一件事情。重用代码可以让其在程序里多次发挥同样的功能。函数的组成部分主要包含：函数名、参数列表和函数体。

```
def 函数名（参数列表）：
    函数体
```

函数的命名规则和变量的命名规则基本一致，遵从3个原则：由字母、数字、下画线组成且不能以数字开头，不能是Python的关键字，但可以包含关键字，并且标识符不能包含空格。例如，编写一个打招呼的程序。

```
def sayhi(name):
    print('hi %s' %name)
```

程序的运行结果如图12-4所示。

```
>>> sayhi('小玲')
hi 小玲
>>>
```

图12-4 打招呼程序的运行结果

上述函数的函数名为sayhi，def是define的缩写，该函数包含一个参数name，如果没有参数则不需要该变量，多个参数之间用逗号隔开。函

数体的部分从第二行开始，打印"hi"以及相应的变量具体值，%s 代表对应的字符串类型数据。在调用函数的时候只需要函数名以及要输入的具体数值即可。

函数一般包含一个"返回值"，这里使用 return 语句实现。例如，比较两个数的大小并输出较大数时，可以通过以下程序实现。

```
def compare(a,b):
    if a>b:
        return a
    else:
        return b
```

比较 10 和 5 的大小，程序的运行结果如图 12-5 所示。

```
>>> compare(10, 5)
10
```

图12-5　比较两数大小程序的运行结果

该函数包含两个参数 a 和 b。在比较函数中，判断两数的大小，如果 $a > b$，则返回 a 的值；反之，返回 b 的值，当遇到 return 的时候，函数自动退出。

变量的作用域：函数体内的变量在执行完之后就会失去作用，这是因为函数里的变量只能在固定的范围（作用域）内起作用。以下是对上述程序的完善。

```
def compare():
    a=10
    b=5
    if a>b:
        return a
    else:
        return b
```

运行程序，在程序中输出较大数，程序的运行结果如图 12-6 所示。

```
>>> print(compare())
10
```

图12-6　输入数值后程序的输出结果

调用函数后并没有对结果产生影响，但若要输出中间的变量，程序就会提示该变量未定义，不在该变量的作用域内，如果需要输出，则需要在函数外对其进行声明，程序的运行结果如图 12-7 所示。

```
>>> print(a)
Traceback (most recent call last):
  File "<pyshell#8>", line 1, in <module>
    print(a)
NameError: name 'a' is not defined
```

图12-7　作用域导致中间变量无法调用

12.3.3 编程解二元一次方程组

二元一次方程组是把未知问题转化成已知问题的重要方法，求解这类问题的核心是将未知量与已知量联系起来，并通过题目中的等量关系建立方程。根据题意，我们可以设鸡有 x 只，兔子有 y 只，建立下列方程组。

$$\begin{cases} x+y=35 \\ 2x+4y=94 \end{cases}$$

我们可以利用计算机枚举鸡的数量，那么兔子的数量就是（35$-x$）只，两者只要满足 $2x+4y=94$，就可以得到我们要求的一个解。参考程序如下。

```
for x in range(0,36):
    y=35-x
    if 2*x+4*y==94:
        print("鸡%s只，兔子有%s只"%(x,y))
```

运行程序，得到鸡有 23 只，兔子有 12 只。

通过枚举法可以将区间内的每一个可能性都列举出来。采用模块化的

方法，计算机则可以计算出两种动物头和脚的数量，如果使用函数来解决鸡兔同笼问题，要如何完善程序呢？参考程序如下。

```
def cage(head,foot):
    for x in range(0,head+1):
        y=35-x
        if 2*x+4*y==foot:
            print("鸡有%s只，兔子有%s只"%(x,y))
```

运行程序，输入"cage(35,94)"，程序的运行结果如图 12-8 所示。

```
>>> cage(35,94)
鸡有23只，兔子有12只
```

图12-8　利用函数解决鸡兔同笼问题程序的运行结果

该函数的名字是 cage，包含两个参数 head 和 foot，分别代表头和脚的数量。我们用两个变量替代实际传入的函数值，调用函数时只需要将题目中的已知量传入函数即可。

12.4　实践任务

任务 1：统计 1~100 符合条件的偶数。

找出所有满足个位数字恰好是十位数字的两倍的偶数，并将其打印出来。解决这个问题，我们可以新建两个变量分别代表十位数字和个位数字，使用双重循环分别对其遍历。参考程序如下。

```
list=[]
for x in range(1,10):
    for y in range(2,10):
        if 2*x==y:
            list.append(10*x+y)
print(list)
```

运行程序，可以得到满足条件的偶数有 12、24、36、48，程序的运行结果如图 12-9 所示。

```
py ====
[12, 24, 36, 48]
>>>
```

图12-9 统计符合条件的偶数程序的运行结果

任务 2：求解圆的周长和面积。

编程使其能够通过输入圆的半径 r，得出圆的周长和面积，并将结果打印出来。π 取 3.14，结果保留 2 位小数。参考程序如下。

```
def circle(r):
    d=round(3.14*r*2,2)
    s=round(3.14*r*r,2)
    return d,s
```

输入半径 $r=3$，程序的运行结果如图 12-10 所示。

```
>>> print(circle(3))
(18.84, 28.26)
```

图12-10 计算圆的周长和面积程序的运行结果

任务 3：求解水井的深度。

在《九章算数》中有这样一个问题：以绳测井。若将绳三折测之，绳多五尺；若将绳四折测之，绳多一尺。绳长、井深各几何？这个问题的大意就是用绳子测量井的深度，如果将绳子 3 等分，每一份绳比井深 5 尺；如果将绳子 4 等分，一份绳比井深 1 尺，请问绳子有多长？水井有多深（水井深度不超过 20 尺）？

解决这个问题，我们可以将绳子的长度设置为 x 尺，井深为 y 尺，根据题意可以列出以下二元一次方程组。

$$\begin{cases} 3(y+5)=x \\ 4(y+1)=x \end{cases}$$

根据题意编程，参考程序如下。

```
for y in range(1,21):
x=3*(y+5)
if x==4*(y+1):
print(x,y)
```

运行程序，可得结果 48，11，因此，绳子的长度为 48 尺，井深为 11 尺。

12.5　思维拓展

lambda 表达式用来声明匿名的函数，即不需要函数名但可以实现函数功能的函数。它可以应用在一些需要函数功能，但又不想定义函数的程序中。lambda 表达式不包含复杂的语句形式，仅包含唯一的表达式，但是可以调用其他已有的函数，支持关键参数和默认值参数值，最终返回函数的计算结果。一般函数与 lambda 表达式等效，如下列函数。

一般函数的写法如下。

```
def plus(x,y):
return x+y
```

lambda 表达式的写法如下。

```
plus=lambda x,y:x+y
```

上述两种表达式的书写是等效的，还可以含有默认参数和关键参数，举例如下。

```
plus=lambda x,y=1:x+y    # 可以含有默认参数
```

12.6　巩固练习

1. 在函数的命名规则里，不能将（　　）放在函数名的最前面。

A. 大写字母　　　B. 小写字母　　　C. 下画线　　　D. 数字

2. 如果需要编程输出 5~20 的递序等差数列（包含 5 和 20 两个数字，数字之间的差为 3），请将下列程序补充完整。

for i in range(_____, _____, _____)

3. 小明购买了面值为 4 分和 8 分的邮票，共花费 6 元 8 角，已知 8 分的邮票比 4 分的邮票多 40 张，请问两种邮票小明分别购买了多少张？

12.7　自我评价

知识达成		☆ ☆ ☆ ☆ ☆
能力达成	巩固练习1	☆ ☆ ☆ ☆ ☆
	巩固练习2	☆ ☆ ☆ ☆ ☆
	巩固练习3	☆ ☆ ☆ ☆ ☆
总评		☆ ☆ ☆ ☆ ☆

13 有"模"有样

13.1　学习目标

1. 理解模块的概念。

2. 学会模块的导入和使用的方法。

3. 掌握模块中对象和函数的使用方法。

13.2　情境导入

小明放学回到家，兴高采烈地告诉艾罗今天在学校学习的知识。

小明："今天在数学课上，有一道题需要一直重复计算，耗费了很长时间。于是我就想，如果用程序来解决会不会很简单？"

艾罗："会的，在程序中，我们不仅可以使用循环结构来解决重复性计算，还可以使用模块来解决。"

小明："模块是什么呢？"

艾罗："模块是 Python 语言中的一个概念，是多个函数（以及对象）的集合，可以重复使用，所以会节省很多时间。"

小明："那你快教教我吧！"

艾罗："别着急，下面我们就来学习模块。"

13.3 知识讲解

如果我们想使用之前已经编写过的代码，就需要先了解模块的概念。对于 Python 来说，模块是指多个函数（以及对象）的集合，可以重复使用，模块也可以称为库。Python 的库是参考其他编程语言的说法，本书中统一将其称为模块。

在 Python 中创建函数组比较简单。本质上，任何 Python 程序的文件都可以当作同名的模块来使用。利用模块，我们不仅可以使用自己的代码，也可以使用别人已完成的函数或对象。下面，我们通过一个表示日期和时间的模块 datetime 进行学习。

datetime 模块由多个对象组成，包括处理日期的"date 对象"、处理时间的"time 对象"、计算日期差的"timedelta 对象"等。

13.3.1 date对象

date 对象是处理年、月、日的对象，具有以下属性和方法（见表 13-1 ）。

表 13-1　date 对象的属性和方法

名称	说明
year、month、day	对象保存的年、月、日的值。year 的值为 1~9999，month 的值为 1~12，day 是从 1 到当月最后一天的值
date(year、 month、day)	将表示年、月、日的整数作为参数，生成 date 对象
today()	返回当前本地日期的 date 对象
strftime(format)	如果在 format 中指定格式字符串，则返回根据具体格式表示的日期字符串
weekday()	将星期一作为 0，星期日作为 6，返回代表星期的整数

13.3.2 time对象

time 对象是处理时间的对象，具有以下属性和方法（见表 13-2 ）。

表 13-2　time 对象的属性和方法

名称	说明
hour、minute、 second、 microsecond、 tzinfo	对象保存的时、分、秒、微秒、时区的值 0 ≤ hour < 24 0 ≤ minute < 60 0 ≤ second < 60 0 ≤ microsecond < 1 000 000
time(hour=0, minute=0, second=0, microsecond=0, tzinfo=None)	将时、分、秒作为参数，生成 time 对象，也可以设置微秒和时区
strftime(format)	如果在 format 中指定格式字符串，则返回根据具体格式表示的时间字符串

13.3.3 timedelta 对象

timedelta 对象是计算任意两个 date、time、datetime 对象之间时间差的对象。创建 timedelta 对象的函数如下。

```
timedelta(days=0, seconds=0, microseconds=0, milliseconds=0,
minutes=0, hours=0, weeks=0)
```

这里的参数为经过时间的日、秒、微秒、毫秒、分、时、周。可以省略所有参数，参数默认值为 0，参数可以是整数，也可以是浮点小数，正数、负数均可参与计算。

13.4 实践任务

在可用的模块中，肯定有同名的函数，Python 是如何知道使用的是哪一个模块中的函数的呢？对于这种情况，首先使用模块中的函数和对象，先通过关键字 import 导入模块。其次，我们需要在函数的前面加上模块的名字，并用一个点连接起来。如果没有在函数前使用模块的名字并加上一个点，所有的函数都是无效的。

我们尝试在 IDLE 中输入以下内容。

```
>>> import datetime
>>> datetime.date.today()
datetime.date(2021, 2, 8)
```

这里首先要通过 import 来告诉 Python 我们想使用 datetime 模块，然后使用 datetime 模块中 date 对象的 today() 方法来获取当天的日期。

大家可能会觉得每一次使用函数前都加上模块的名字和一个点太麻烦，那么我们可以修改 import 后的内容让程序变得更加简单，修改后的参考程序如下。

```
>>> import datetime as d
>>> d.date.today()
datetime.date(2021, 2, 8)
```

在上面的程序中，我们使用关键字 as 给模块起了一个缩写名字，即用字母 d 代替了 datetime，这样，我们在程序中输入 d，就表示输入的是 datetime，由此，编程就会变得更加简单。

如果确定使用模块中的函数或对象不会和程序发生任何冲突，则可以继续编程。如果想同时导入多个函数或对象，可以用","（逗号）来分隔指定的函数或对象。参考程序如下。

```
>>> from datetime import date
>>> date.today()
datetime.date(2021, 2, 8)
```

这样，在使用对应的函数或对象时，就不需要重复输入模块的名字了。每一个对象或函数都可以使用关键字 as 进行简写。举例如下。

```
>>> from datetime import date as dt
>>> dt.today()
datetime.date(2021, 2, 8)
```

此外，还可以一次性从模块中导入所有的函数和对象，操作如下。

```
>>> from datetime import *    # *表示所有的函数
>>> date.today()
```

datetime.date(2021, 2, 8)

任务 1：获取"今天"的日期。

了解了导入模块的操作方法后，我们就可以获取 date 和 time 对象，并测试表 13-1 和表 13-2 中的方法。年、月、日的值保存在 date 对象的 year 属性、month 属性和 day 属性中，而时、分、秒的值保存在 time 对象的 hour 属性、minute 属性和 second 属性中。选择 File 下的 New File 新建文件，在新文件中输入以下程序。

```python
from datetime import date,time    # 创建一个时间为 7 点 30 分 45 秒的时间对象
sample_time = time(7, 30, 45)
week = ['一', '二', '三', '四', '五', '六', '日']
sample_today = date.today()
print('{}年'.format(sample_today.year))
print('{}月'.format(sample_today.month))
print('{}日'.format(sample_today.day))
# 用 strftime 方法指定格式来显示"今天"的日期
print(sample_today.strftime('%Y/%m/%d'))
# 用 weekday 方法查询今天是星期几，然后从列表 week 中获取对应的文字
print('今天是星期{}'.format(week[sample_today. weekday()]))
print('{}点{}分{}秒'.format(
sample_time.hour,
sample_time.minute,
sample_time.second))
print(sample_ time.strftime('%H:%M:%S'))
```

程序的运行结果如图 13-1 所示。

```
2021年
10月
27日
2021/10/27
今天是星期三
7点30分45秒
07:30:45
>>>
```

图13-1　获取"今天"日期程序的运行结果

在上述程序中，我们使用了 format 方法将字符串与通过 date 对象的各种方法获得的值串在一起。另外，还使用了 strftime 方法来指定时间和日期显示的格式。

> **注意:** 在 Python 中，如果一行程序太长，则可以在行尾输入反斜线(\\)，视为程序在下一行继续。另外，在 { }、( )、[ ] 中，以逗号 (,) 划分的部分，即使没有反斜线也表示在下一行继续。

任务 2：计算日期。

通过 timedelta 对象，还可以计算两个事件对象之间的时间差。例如，要查询 2020 年 10 月 1 日后的第 200 天的日期，则可以先生成一个日期为 2020 年 10 月 1 日的 date 对象，然后再生成一个 200 天的 timedelta 对象，并将其与前面的 date 对象相加。此外，还可以计算出 2020 年 10 月 1 日到 2021 年 1 月 1 日共有多少天。参考程序如下。

```python
from datetime import date, timedelta
sample_date = date(2020,10,1)
sample_timedelta = timedelta(days = 200)
# 在日期为 2020 年 10 月 1 日的 date 对象后加 200 天
later = sample_date + sample_timedelta
print('2020 年 10 月 1 日后的第 200 天是 {} 年 {} 月 {} 日'.format(later.year, later.month, later.day))
new_year = date(2021, 1, 1)
diff = new_year - sample_date
print('2020 年 10 月 1 日到 2021 年 1 月 1 日共有 {} 天'.format(diff.days))
```

程序运行结果如图 13-2 所示。

```
2020年10月1日后的第200天是2021年4月19日
2020年10月1日到2021年1月1日共有92天
>>>
```

图 13-2　计算日期程序的运行结果

不过，如果要查询 2020 年 10 月 1 日到 2021 年 1 月 1 日之间共有多少天，则不用生成 timedelta 对象，只需用日期为 2021 年 1 月 1 日的 date 对象减去日期为 2020 年 10 月 1 日的 date 对象即可。在上面的程序中，我们就通过了 date 对象之间的减法计算了相差的天数。

13.5 思维拓展

Python 中包含了很多基本模块，这些模块被称为 Python 的标准模块。我们可以在相关网站找到 Python 标准模块的完整清单。常用的模块除了 datetime 之外，还包括以下几个常用模块。

string：字符串工具。

re：正则表达式工具。

random：随机数函数。

calendar：与日历相关的函数。

math：数学函数（sin、cos 等）。

pickle：用来存储和恢复文件的数据结构。

csv CSV：用于文件读写。

tkinter：创建图形化用户界面。

13.6 巩固练习

1. 判断下列说法是否正确，正确的在括号中画"√"，错误的在括号中画"×"。

（1）date 对象是处理年、月、日的对象。（　　　）

（2）time 对象是处理时间的对象。（　　　）

（3）timedelta 对象可以计算任意两个 date、time、datetime 对象之间的时间差。（　　）

2. 2021 年 7 月 1 日是中国共产党成立 100 周年的纪念日，尝试编程计算出 2022 年 7 月 1 日距离 1921 年 7 月 1 日的天数。

13.7　自我评价

知识达成		☆ ☆ ☆ ☆ ☆
能力达成	巩固练习 1	☆ ☆ ☆ ☆ ☆
	巩固练习 2	☆ ☆ ☆ ☆ ☆
总评		☆ ☆ ☆ ☆ ☆

14.1　学习目标

1. 理解第三方模块的概念。

2. 学会安装 pygame 模块。

3. 掌握界面和窗口设计。

14.2　情境导入

一天，小明来到厨房看见妈妈正在炒菜，突然眼前一亮，跑回来和艾罗说："我们能不能做一个自动炒菜的铲子或锅呢？"

艾罗："理论上是可以的，只要分别'告诉'铲子、锅都需要干什么就行。"

小明："这让我想到了之前学习的模块。"

艾罗："Python 中除了默认的模块还有第三方模块。"

小明："第三方模块又是什么呢？"

艾罗："下面我们一起来学习。"

14.3　知识讲解

如果我们想使用基本模块之外的、由第三方提供的模块，就需要先安

装相应的模块。

安装第三方的模块可以采用 pip 的安装形式，pip 是 Python 包管理工具，该工具提供了对 Python 模块的查找、下载、安装、卸载的功能，Python 3.4 以上的版本都自带 pip 工具。该工具包含以下模块：安装模块——install、查看已安装的模块——show、检查哪些模块需要更新——list 和升级模块。升级模块实际上是安装模块命令中的一个参数，-U 或 -upgrade。如果在 install 和模块名称之间增加这个参数，就表示升级模块或安装最新版的模块。我们可以使用 pip-help 命令查看 pip 工具的帮助手册。

下面，我们通过安装 pygame 模块来学习如何安装和使用第三方模块。

14.4　实践任务

任务 1：安装 pygame 模块。

pygame 是跨平台的 Python 模块，包含对图像、声音等内容的处理功能。使用 pygame 模块可以让我们更关注游戏的逻辑。

在 Windows 中使用 pip 工具安装第三方模块，需要打开 cmd 命令行工具，然后输入"pip install"并加上对应的模块名称。比如安装 pygame 模块，则需要在命令行窗口中输入：pip install pygame。接着，在 cmd 的界面中会有一个进度条，等待进度条完成即可。如图 14-1 所示。

```
Anaconda Prompt (anaconda3)

(base) C:\Users\nille>pip install pygame
Collecting pygame
  Downloading pygame-2.0.1-cp37-cp37m-win_amd64.whl (5.2 MB)
                                              5.2 MB 18 kB/s
Installing collected packages: pygame
Successfully installed pygame-2.0.1

(base) C:\Users\nille>
```

图14-1　安装pygame模块

可以打开 Python 的 IDLE，输入 import pygame，测试 pygame 模块是否安装成功，回车后如果出现了 pygame 的版本号，则说明安装成功了，如图 14-2 所示。

```
File  Edit  Shell  Debug  Options  Window  Help
Python 3.6.6 (v3.6.6:4cf1f54eb7, Jun 27 2018, 03:37:03) [MSC v.1900 64 bit (AMD6
4)] on win32
Type "copyright", "credits" or "license()" for more information.
>>> import pygame
pygame 2.0.1 (SDL 2.0.14, Python 3.6.6)
Hello from the pygame community. https://www.pygame.org/contribute.html
```

图14-2　pygame安装成功的界面

任务 2：创建游戏窗口。

pygame 模块安装成功后，接下来的首要任务就是创建一个游戏窗口。新建一个文件，在新文件中输入以下的程序。

```python
import pygame                          # 导入 pygame 模块
pygame.init()                          # 初始化所有导入的 pygame 模块
pygame.display.set _ mode([640, 480])  # 创建窗口
```

程序运行后，会生成一个黑色背景的窗口（见图 14-3）。

图14-3　生成的窗口

第 2 行程序可以初始化所有导入的 pygame 模块，当某一模块出现错误时，这个方法并不会出现异常，init() 方法会返回一个元组，包括成功初始化的模块数量，以及出现错误的模块数量。如果我们将第 2 行程序改为 print(pygame.init())，运行程序后我们会看到如下信息。

```
pygame 2.0.1 (SDL 2.0.14, Python 3.6.6)
Hello from the pygame community. https://www.xx.html
(7, 0)
```

该信息表示成功地初始化了 7 个模块，没有出现错误的模块。

第 3 行使用的是 display 模块中的 set_mode() 方法，它有 3 个参数，第 1 个参数表示窗口的像素大小，由窗口宽度和高度（单位为像素）组成：[宽度，高度]。这里我们只输入了第 1 个参数，参数值为 [640, 480]。如果没有参数或第 1 个参数的值是 [0,0]，那么 pygame 模块会将窗口的像素大小设置为当前屏幕的像素大小。第 2 个参数用来设置窗口模式，可选的窗口模式如表 14-1 所示。第 3 个参数用来设置颜色的位数，即用多少位来表现颜色，这个参数值不建议人为设置，因为系统会选择最优参数。

表 14-1　可选的窗口模式

序号	模式值	说明
1	pygame.FULLSCREEN	窗口全屏显示（像素不变）
2	pygame.DOUBLEBUF	创建一个"双缓冲"窗口，建议用于 HWSURFACE 或 OpenGL
3	pygame.HWSURFACE	硬件加速，仅适用于全屏模式
4	pygame.OPENGL	创建一个 OpenGL 渲染的窗口
5	pygame.RESIZABLE	窗口大小可通过使用鼠标调节
6	pygame.NOFRAME	窗口没有边框和控制按钮

14.5　思维拓展

目前主流的人工智能深度学习框架，比如 TensorFlow、Theano、Keras 等都是基于 Python 语言、以模块的形式提供的。如果想编写与人工

智能相关的程序，可以考虑安装 Scikit-learn 模块，Scikit-learn 也简称为 sklearn，是机器学习领域中最知名的 Python 模块之一。Scikit-learn 和许多其他 Python 库集成在一起，安装 Scikit-learn 时还会顺带安装其他模块。安装 Scikit-learn 模块也是在 Windows 中打开 cmd 命令行工具，然后输入：pip install scikit-learn。

安装完成的界面如图 14-4 所示。

图14-4　安装Scikit-learn模块

14.6　巩固练习

1. 选择题

（1）Python 3.4 以上的版本都自带 pip 工具，以下（　　）不是 pip 工具所包含的。

A. 安装模块——install

B. 列表模块——list

C. 查看已安装的模块——show

D. 升级模块

（2）在 pip 工具对 Python 模块提供的多种功能中，不包括以下（　　）功能。

A. 查找　　　B. 下载　　　C. 安装　　　D. 编程

2. 编写程序

（1）尝试创建一个可通过使用鼠标调节大小的窗口。

（2）尝试在大地图中增加一些无法进入的区域。

14.7　自我评价

知识达成		☆ ☆ ☆ ☆ ☆
能力达成	巩固练习 1	☆ ☆ ☆ ☆ ☆
	巩固练习 2	☆ ☆ ☆ ☆ ☆
总评		☆ ☆ ☆ ☆ ☆

15.1　学习目标

1. 理解游戏实现的原理。

2. 了解窗口坐标系。

3. 掌握地图切割和在地图上移动的方法。

4. 掌握键盘事件。

15.2　情境导入

放学后小明开心地跑回家，一进门看见艾罗闭着眼睛坐在房间中，头顶上有一个数字 99。

小明看着这个数字正在随着时间慢慢变小，当数字变成 0 时，艾罗睁开了眼睛。

小明："刚才你在干什么呢？"

艾罗："我在玩一个叫《创世》的游戏。"

小明："能带我一起玩吗？"

艾罗："可以呀，把 VR 眼镜拿过来，我们一起来玩。"

小明拿来了 VR 眼镜，艾罗小声地和眼镜说了些什么，然后让小明戴上了 VR 眼镜。

小明戴上眼镜，眼前一片漆黑，此时耳边响起了艾罗的声音："这是一个创建'世界'的游戏，你现在应该什么也看不见，因为你还没有创造，首先你需要在脑海中明确你在这个'世界'中的位置和这个'世界'的形态。"

小明："怎么在脑海中明确呢？"

艾罗："哎呀，是我太着急了，没想到你不会直接通过'想'来创建新'世界'，咱们还是从你熟悉的编程慢慢开始吧。"

15.3　知识讲解

在学习了如何安装pygame模块后，我们来简单介绍一下游戏开发方面的内容。这个游戏的主题叫《金庸群侠传》（见图15-1）。《金庸群侠传》原本是20世纪90年代在DOS操作系统上推出的一款游戏，这款游戏是以金庸先生笔下14部武侠小说为线索改编的，游戏的自由度比较高，绝大部分的人物、武功、物品和剧情发展都尊重金庸先生的原著。

图15-1　《金庸群侠传》的游戏界面

对游戏设计的简单理解就是不断地在窗口合适的位置进行贴图。比如，在图15-1所示的界面中，我们就可以将其理解为先显示一张背景图片，然后在合适的位置贴一张玩家的图片。接着，当玩家移动的时候，再重新

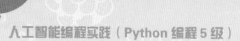
根据坐标更换一张背景图，然后再次在合适的位置上贴一张玩家的图片。

15.3.1 窗口坐标系

对基于 pygame 模块创建的窗口来说，窗口的左上角为坐标原点，即坐标（0,0），水平方向向右为 x 轴正方向，即越向右 x 值越大；垂直方向向下为 y 轴正方向，即越向下 y 值越大。窗口中的坐标示意如图 15-2 所示。

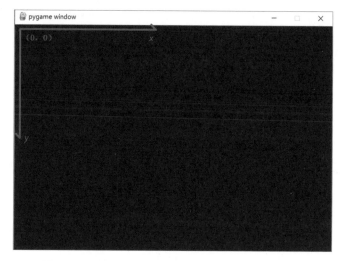

图15-2　基于pygame模块创建的窗口的坐标

15.3.2 显示并更新图片

如果显示图片，就需要使用窗口对象的 blit() 方法和 pygame 中 display 模块的 update() 方法。窗口对象的 blit() 方法有两个参数，第一个参数表示绘制的图像资源，第二个参数表示图像放置的位置（图片左上角的坐标）。display 模块的 update() 方法用来刷新屏幕，如果不刷新，屏幕中就不会更新图像。

15.3.3 键盘、鼠标的交互

显示图像后，就需要实现键盘和鼠标的交互了。在 pygame 模块中，所有键盘和鼠标的操作都是通过事件队列来处理的，我们可以通过

pygame.event.get() 来获取游戏中的事件队列，并根据队列中的信息进行相应的处理。

15.4 任务实践

下面我们就来尝试制作简版的《金庸群侠传》，使玩家能够通过方向键控制角色在地图上移动。

1. 显示背景

从网上下载一张《金庸群侠传》游戏的大地图（见图15-3）。

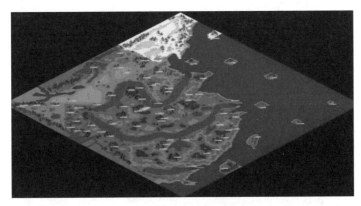

图15-3 《金庸群侠传》游戏的大地图

这是《金庸群侠传》中最大的一张地图，上面密密麻麻的白色部分表示标注的地名，这些地名的位置基本上也是结合了原著和实际的地理情况设置的，这里只是将其作为显示图片的一个示例。使用窗口对象的blit()方法和pygame中display模块的update()方法来显示图像，参考程序如下。

```
import pygame
print(pygame.init())
screen=pygame.display.set_mode([640, 480])
background = pygame.image.load('map1.jpg')
while True:
```

```
screen.blit(background,(0, 0))
pygame.display.update()
```

这里，将上节课所学的创建游戏窗口的"pygame.display.set_mode ([640, 480])"（见第 106 页任务 2）赋值给对象 screen。

"background = pygame.image.load('map1.jpg')"用来将一张图片加载到对象 background 中，这里使用的是 pygame 中 image 的 load 方法，其中的参数是待加载图像的地址，将图片命名为"map1.jpg"，图片和该程序文件在同一个文件夹下，所以只写"map1.jpg"即可。

while 循环中的程序"screen.blit(background,(0, 0))"用来在坐标 (0,0) 处不断地绘制图像 background。

此外，"pygame.display.update()"用来刷新屏幕。

运行程序后的效果如图 15-4 所示。

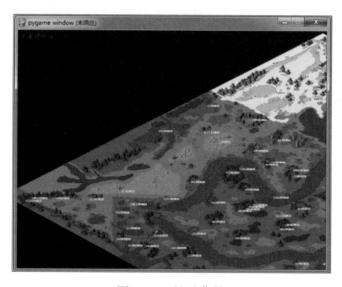

图15-4　显示背景

这样，我们就实现了在窗口中显示背景的效果，不过这个效果显然不能满足游戏的需要，实际游戏的界面应该和图 15-1 所示的效果一样，而图 15-3 所示的是整个供玩家移动的地图，玩家就是在这个地图上移动到

不同的位置，然后触发不同的故事情节。

为了获得一个能够使用的地图，我们可以在图像处理软件中拼一个局部地图（见图15-5），局部地图在大地图中的位置如图15-6红框内所示。

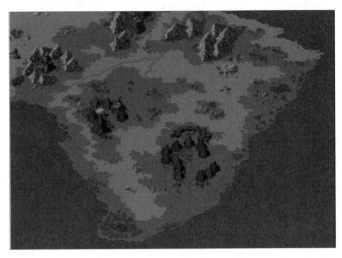

图15-5　局部地图

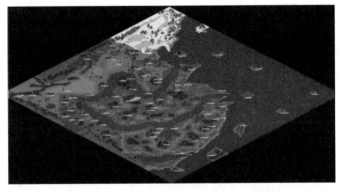

图15-6　局部地图在大地图中的位置

将图15-5所示图片放在编写程序的文件夹下，将其命名为"map2. jpg"，同时将程序中加载背景的程序修改为"background = pygame.image. load('map2.jpg')"。运行程序后的效果如图15-7所示。

图15-7　更改图片后程序的运行效果

由于这张图片的大小是 2382 像素 × 1695 像素，所以在窗口中只会显示图 15-5 所示的左上角的一部分。如果希望显示图中的不同位置，只需要修改 "screen.blit(background,(0, 0))" 中的坐标即可。

程序中的坐标指的是图片左上角相对于窗口左上角的位置。如果希望窗口移动到图 15-8 标注的位置，则可以认为移动后窗口左上角的位置坐标为 (0,0)，整个地图左上角的坐标就是 (−440,−500)。

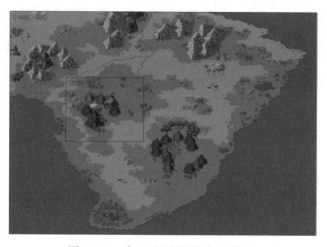

图15-8　窗口和地图的位置关系

图 15-8 红框内表示显示的窗口，对应的程序是"screen.blit(background, (-440, -500))"，显示效果如图 15-9 所示。

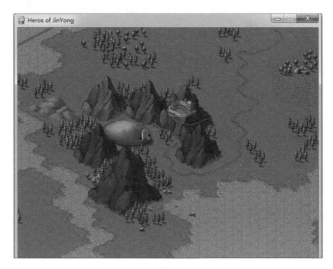

图15-9　移动后的背景

2. 显示角色

确认地图后，就可以显示角色了。在网上下载一张人物图片，将其命名为"image.png"，将图片保存在编写程序的同一个文件夹下。在地图上显示角色的参考程序如下。

```
import pygame
print(pygame.init())
screen = pygame.display.set_mode([640, 480])
background = pygame.image.load('map2.jpg')
player = pygame.image.load('image.png')      #加载角色图片
while True:                                   #将角色贴到背景上
    screen.blit(background,(0, 0))
    screen.blit(player,(270,140))
    pygame.display.update()
```

程序运行后的效果如图 15-10 所示。

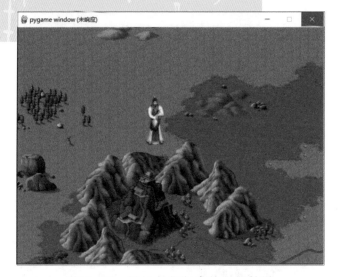

图15-10　显示角色程序的运行效果

这里需要注意的是，角色图片一定是带透明通道的 PNG 格式的图片，此外，角色在大地图中移动时，如果触发了事件就会进入对应的小地图中，因此看到的角色会偏大。

3. 键盘事件

背景和角色显示出来后，就可以实现通过方向键控制角色在地图上的移动。

在 pygame 模块中，我们可以通过 pygame.event.get() 来获取游戏中的事件队列。在显示角色程序的最后加上"print(pygame.event.get())"，参考程序如下。

```
import pygame
print(pygame.init())
screen = pygame.display.set_mode([640, 480])
background = pygame.image.load('map2.jpg')
player = pygame.image.load('image.png')
while True:
    screen.blit(background,(0, 0))
    screen.blit(player,(270,140))
```

```
pygame.display.update()
print(pygame.event.get())
```

当我们再次运行程序的时候，由于添加了 print 语句，所以就能够在 Python IDLE 中看到输出的信息，如图 15-11 所示。

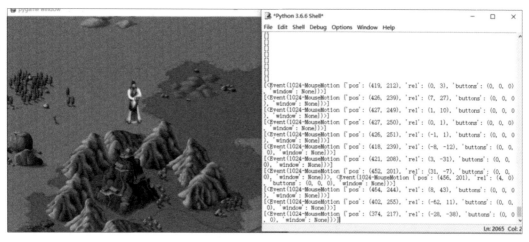

图15-11   在Python IDLE中输出的事件信息

事件信息中包含事件的类型，比如按下键盘事件 KeyDown、松开键盘事件 KeyUp、鼠标移动事件 MouseMotion 等，信息中还会以字典的形式列出事件的具体信息，比如按下的是哪个按键、鼠标按键所在的坐标等。每种事件类型的定义和对应的具体信息如表 15-1 所示。需要注意的是，这里的序号也是消息中具体事件前面的数字。

表 15-1   事件类型的定义和对应的信息

序号	事件	说明	具体信息
0	QUIT	退出	无
1	ACTIVEEVENT	激活或隐藏窗口	state、gain
2	KEYDOWN	键盘被按下	unicode、key、mod
3	KEYUP	松开按键	key,mod
4	MOUSEMOTION	移动鼠标	pos,rel,buttons
5	MOUSEBUTTONDOWN	鼠标按键被按下	pos,button
6	MOUSEBUTTONUP	鼠标按键被松开	pos,button
7	JOYAXISMOTION	移动游戏摇杆	joy,axis,value

序号	事件	说明	具体信息
8	JOYBALLMOTION	游戏手柄追踪球移动	joy,ball,rel
9	JOYHATMOTION	游戏手柄键帽移动	joy,hat,value
10	JOYBUTTONUP	松开游戏手柄按键	joy,button
11	JOYBUTTONDOWN	按下游戏手柄按键	joy,button
12	VIDEORESIZE	窗口缩放	size,w,h
13	VIDEOEXPOSE	窗口出现	无
14	USEREVENT	用户事件	code

我们只是利用键盘操作，确切地说只是使用↑↓←→键、空格键和Esc 键，所以我们主要处理的是键盘事件。通过观察之前的输出可知，键盘上对应的 6 个键的 key 值如表 15-2 所示。

表 15-2　6 个键的 key 值

序号	按键	key 值
1	↑	273
2	↓	274
3	←	276
4	→	275
5	空格键	32
6	Esc 键	27

知道各按键的 key 值后，就可以修改程序了。当按下↑时，窗口相对于地图向上移动；当按下↓时，窗口相对于地图向下移动；当按下←时，窗口相对于地图向左移动；当按下→时，窗口相对于地图向右移动（角色相对于窗口的位置不变）。

为记住地图相对于窗口的位置，需要新建两个变量 posX 和 posY，同时考虑到会用鼠标操作窗口关闭，所以还要加一个退出事件。修改之后的参考程序如下。

```python
import pygame
print(pygame.init())
screen=pygame.display.set_mode([640, 480])
```

```
background = pygame.image.load('map2.jpg')
player = pygame.image.load('image.png')
posX = 0
posY = 0
while True:
    screen.blit(background,(posX, posY))
    screen.blit(player,(270,140))
    pygame.display.update()
    for event in pygame.event.get():
        print(event)
        if event.type == pygame.QUIT:
            pygame.quit()
        if event.type == pygame.KEYDOWN:
            if event.key == 275:
                posX = posX - 1
            if event.key == 276:
                posX = posX + 1
            if event.key == 274:
                posY = posY - 1
            if event.key == 273:
                posY = posY + 1
```

当发生退出事件时，程序会执行pygame.quit()语句退出pygame。此时，当我们再次运行程序时，就能够通过键盘上的方向键来移动背景了。虽然程序中是地图动、角色不动，但从视觉上来看就是角色在地图上进行移动。

不过，此时的移动有两个与此类游戏不太一样的地方，一个是移动的速度，另一个是移动的形式。我们可以直接通过调整变量posX和posY的值来调整移动速度。移动的形式需要特别说明一下，目前的移动形式是玩家按下↑、↓键，背景图片进行上、下移动；按下←、→键，背景图片进行左、右移动，而多数此类游戏中的坐标是斜45°的（通常称为2.5D游戏），如图15-12所示。

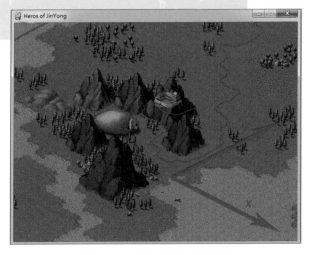

图15-12　游戏中的坐标系

　　在多数游戏中，斜向下的方向为 x 轴正方向，斜向上的方向为 y 轴正方向，当按下←、→键时，玩家是在 x 轴方向上移动的，此时变量 posX 和变量 posY 的值会同时增加或减小，而按下↑、↓键时，玩家是在 y 轴方向上移动的。因此当按下方向键时，我们需要同时调整变量 posX 和 posY 的值，修改后的按键部分的参考程序如下。

```
if event.type == pygame.KEYDOWN:
    if event.key == 275:
        posX = posX - 10
        posY = posY - 5
    if event.key == 276:
        posX = posX + 10
        posY = posY + 5
    if event.key == 274:
        posX = posX + 10
        posY = posY - 5
    if event.key == 273:
        posY = posY + 5
        posX = posX - 10
```

　　由于这类游戏中的坐标是斜45°的，所以需要注意 x 方向和 y 方向的变化值是不一样的。但是，当背景移动超出图片的范围后，界面就会出现重影（见图15-13），这个问题我们后面再来解决。

图15-13 背景移动超出了图片的范围

15.5 思维拓展

鼠标事件有3种，移动鼠标事件MOUSEMOTION、鼠标按键被按下事件MOUSEBUTTONDOWN和鼠标按键被松开事件MOUSEBUTTONUP。

其中，移动鼠标事件的信息中包含鼠标当前位置的元组（关键字为"pos"），相对鼠标移动距离的元组（关键字为"rel"，负数为反方向），以及3个鼠标按键(左键、右键和滚轮)的状态元组（关键字为"buttons"）。而鼠标按键被按下和鼠标按键被松开事件的信息中包含鼠标当前所在位置的元组（关键字为"pos"）和鼠标按键的状态（关键字为"button"）。注意，在移动鼠标事件的信息中，鼠标按键的3个状态是通过一个包含3个元素的元组来体现的，即(0,0,0)，其中0表示松开按键，1表示按下按键。而鼠标按键被按下事件信息和鼠标按键被松开事件信息则是通过数值来表示操作的是哪一个按键，1对应的是鼠标左键，2对应的是滚轮按键，3对应的是鼠标右键。

15.6 巩固练习

1. 显示图片，需要使用窗口对象的 blit() 方法和 pygame 中 display 模块的（　　　　）。

2.《坦克大战》是经典的平面电视游戏（角色不是斜 45° 移动的），其界面如下图所示。尝试在这样一个背景中实现角色的移动。

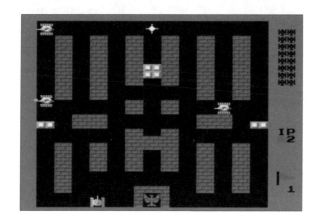

说明：

（1）角色的图像可以自己截取；

（2）前文的示例中是角色不动，地图在动，而本练习则是地图坐标不动，但角色的坐标在变化。

15.7 自我评价

知识达成		☆ ☆ ☆ ☆ ☆
能力达成	巩固练习 1	☆ ☆ ☆ ☆ ☆
	巩固练习 2	☆ ☆ ☆ ☆ ☆
总评		☆ ☆ ☆ ☆ ☆

16 边缘检测与角色碰撞

16.1　学习目标

1. 学会如何在游戏中导入角色。

2. 能够实现角色移动的效果。

3. 能够进行边缘检测。

16.2　情境导入

经过艾罗的帮助，小明终于进入了《创世》游戏并看到了自己创造的区域。

小明非常兴奋："艾罗，我能去你的'世界'看看吗？"

艾罗："当然可以。"

随后，小明进入了艾罗的"世界"，这个"世界"和地球的场景完全不同，这和小明创建的"世界"也有不同之处。

小明在艾罗的"世界"里有点不适应，因为有些场景他还理解不了，于是就退出了艾罗的"世界"。

艾罗："这个'世界'中有其他星球的元素，可能你有点不适应，不过通过这个游戏能够非常直观地了解我的'世界'。现在我们先来完成你的'世界'，在你的'世界'里加一些角色。"

16.3 知识讲解

在《金庸群侠传》这种 2.5D 效果的游戏中，对应的贴图实际上是从 y 坐标值较小的对象开始的，主要包括人物角色、物品、房屋、山丘等，这样就会呈现出前后的遮挡关系，比如角色移动到山的后面（见图 16-1），由于此时人物角色的 y 坐标值比较小，而山的 y 坐标值比较大，因此是先贴人物角色的图片，再贴山的图片，这样看起来就是角色在山的后面。

图16-1　地图中的效果

我们之前创建的角色是一张静态的图片，下面我们要实现角色跑动的效果，同时在角色移动的时候检测其是不是碰到了山丘或地图的边缘。

16.3.1 角色的跑动效果

角色的跑动效果很好理解，其本质就是定时地更换角色的图片，而每张图片略有不同，整体连贯下来就会形成跑步的动作。这个过程就像放电影，只要图片切换的频率足够快，看起来就像人在运动。

16.3.2 碰撞和边缘检测

在这类游戏中，通常会使用一张黑白地图（见图16-2）进行检测，将该图片命名为"mapConvert.jpg"。这张黑白地图和原地图一样大，玩家能够移动的位置是黑白地图上的白色部分，不能移动的位置是黑白地图上的黑色部分。当玩家移动时判断玩家所处位置的颜色，就可以判断玩家是否碰到了边缘。

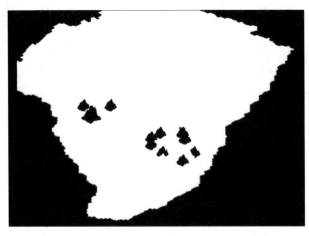

图16-2 用于检测玩家所处位置的黑白地图

这个地图除了周边是黑色的，中间还有一些位置也是黑色的。当然这只是一个示例，并没有将所有不可移动的区域显示出来。同时，对于地图中的对象来说，其不可移动的区域应该比对象的图片要小（这样才会有移动到山后面的效果），但这张黑白地图中的黑色区域和对象显示的大小一致。

16.4 实践任务

准备好黑白地图后，一起来实现以下功能。

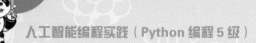
1. 角色的跑动效果

要实现角色的跑动效果，首先需要找到几幅连续动作的图片。我们通常会把连续的图片拼成一张图，如图 16-3 所示。

图16-3　角色移动的图片

这张图也是带透明通道的 .png 格式的图片，角色之间的白色其实是透明的。这张图中的角色分别朝 4 个方向跑动，配合斜 45° 的视角，4 个方向分别是左下（第 1 行）、右下（第 2 行）、左上（第 3 行）和右上（第 4 行），其中每个图像的大小是一样的（100 像素 ×100 像素）。

如果要在一张图中截取部分图片，可以使用 subsurface() 方法，这个方法中需要一个由 4 个数组成的元组数据参数，前两个参数表示要截取部分的左上角位置（x 坐标和 y 坐标），后两个参数表示要截取部分的大小（宽和高）。

如果要截取左上角第一个动作的图片，参考程序如下。

```
walkImg = pygame.image.load('walk.png')
player = walkImg.subsurface((0, 0, 100, 100))
```

更换玩家图片之后显示的效果如图 16-4 所示。

图16-4 更换玩家图片后的显示效果

这时，我们可以看到角色在向左下方奔跑，不过目前依然是静态的。为了让角色"动"起来，我们需要创建一个图像的列表，然后定时地按照列表中的顺序更换图片。参考程序如下。

```
import pygame
print(pygame.init())
screen=pygame.display.set_mode([640, 480])
background = pygame.image.load('map2.jpg')
walkImg = pygame.image.load('walk.png')
# 创建保存角色运动图片的列表
playerWalk = []
# 通过 for 循环将动作图片添加到列表中
for i in range(0,12):
    playerWalk.append(walkImg.subsurface((i*100, 0, 100, 100)))
posX = 0
posY = 0
frame = 0
fps = 0
# 创建变量 frame 和 fps，变量 frame 的值表示显示的是第几帧，变量 fps 的值表示循
环执行的次数
```

```
while True:
    screen.blit(background,(posX, posY))
    # 通过变量 frame 的值从列表 playerWalk 中获取图像信息
    screen.blit(playerWalk[frame], (270,140))
    pygame.display.update()
    fps += 1    # 循环 100 次之后, 变换变量 frame 的值, 即显示运动图像的下一帧。
                # 当超过最后一帧时, 返回到图像的第 1 帧
    if fps > 100:
        fps = 0
        frame += 1
        if frame == 12:
            frame = 0
```

这里我们暂时去除通过键盘控制的部分。在图 16-3 中，每个方向都是 12 个人物角色，所以 for 循环的次数是 12。由于我们截取的是第一行的人物角色，所以截取后每幅图的 y 坐标不变，都是 0，而 x 坐标通过变量 i 来确定，截取后图片的大小为 100 像素 $\times$ 100 像素，所以每幅图的 x 坐标就是 $i \times 100$。

运行程序，我们就会看到角色"跑"起来了。不过目前角色始终朝左下方跑，为了能够通过键盘控制角色朝 4 个方向运动，我们还需要创建一个表示方向的变量 walkDir 以及 4 个动作图像的列表，然后根据变量 walkDir 和变量 frame 的值来决定显示哪幅图。而变量 walkDir 的值通过键盘按键来更改。参考程序如下。

```
import pygame
print(pygame.init())
screen=pygame.display.set_mode([640, 480])
background = pygame.image.load('map2.jpg')
walkImg = pygame.image.load('walk.png')
# 创建 4 个保存角色运动图片的列表
playerWalkE=[]
```

```
playerWalkS=[]
playerWalkW=[]
playerWalkN=[]
# 通过 for 循环将图片添加到列表中
for i in range(0,12):
    playerWalkW.append(walkImg.subsurface((i*100, 0, 100, 100)))
    playerWalkS.append(walkImg.subsurface((i*100, 100, 100, 100)))
    playerWalkN.append(walkImg.subsurface((i*100, 200, 100, 100)))
    playerWalkE.append(walkImg.subsurface((i*100, 300, 100, 100)))
posX = 0
posY = 0
frame = 0
fps = 0
walkDir = 'S' # 新建变量 walkDir 表示方向，用"W""S""N""E"4 个字母表示不同的方向
while True:
    screen.blit(background,(posX, posY))
    # 根据变量 walkDir 的值决定显示哪个列表的图像
    if walkDir == 'W':
        screen.blit(playerWalkW[frame], (270,140))
    elif walkDir == 'S':
        screen.blit(playerWalkS[frame], (270,140))
    elif walkDir == 'N':
        screen.blit(playerWalkN[frame], (270,140))
    elif walkDir == 'E':
        screen.blit(playerWalkE[frame], (270,140))
    pygame.display.update()
    fps += 1
    if fps > 100:
        fps =  0
        frame += 1
        if frame == 12:
            frame = 0
```

```
for event in pygame.event.get():
    print(event)
    if event.type == pygame.QUIT:
        pygame.quit()
    # 当按下按键时, 改变变量 walkDir 的值
    if event.type == pygame.KEYDOWN:
        if event.key == 275:
            posX = posX - 10
            posY = posY - 5
            walkDir = 'S'
        if event.key == 276:
            posX = posX + 10
            posY = posY + 5
            walkDir = 'N'
        if event.key == 274:
            posX = posX + 10
            posY = posY - 5
            walkDir = 'W'
        if event.key == 273:
            posY = posY + 5
            posX = posX - 10
            walkDir = 'E'
```

创建的 4 个保存角色运动图片的列表。列表名称分别为 playerWalkE（东方, 对应 y 轴的正方向）、playerWalkS（南方, 对应 x 轴的正方向）、playerWalkW（西方, 对应 y 轴的负方向）、playerWalkN（北方, 对应 x 轴的负方向）。

接着, 通过 for 循环将图片添加到列表中。分别给列表 playerWalkE、playerWalkS、playerWalkW 和 playerWalkN 添加一张图片。添加图片时要注意第 1 行的 y 坐标为 0, 方向为左下, 添加到列表 playerWalkW 中; 第 2 行 y 坐标为 100, 方向为右下, 添加到列表 playerWalkS 中; 第 3 行 y

坐标为 200，方向为左上，添加到列表 playerWalkN 中；第 4 行 y 坐标为 300，方向为右上，添加到列表 playerWalkE 中。

2. 碰撞和边缘检测

前面介绍了碰撞检测实际上是检测角色所处位置的颜色，要用到 get_at() 方法，这个方法需要一个坐标的元组数据参数，返回值为坐标对应点的颜色。

当角色在背景中移动的时候，角色相对于背景图片的坐标如图 16-5 所示。

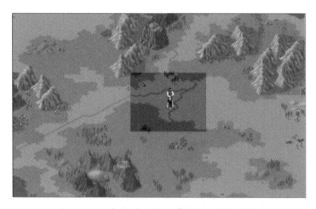

图16-5　角色相对于背景图片的坐标

角色周边的区域为窗口的区域，假设地图相对于窗口的坐标为 (−300, −300)，而角色在窗口中的位置为 (270,140)，那么角色在背景地图中的坐标就是 (270−(−300), 140−(−300))，即 (570, 440)。另外，这里的坐标值是角色左上角的坐标值，而我们要检测的是角色所在位置的坐标，因此，y 坐标需要加上整个角色的高度 100，x 坐标需要加上半个角色的宽度，即 50。因此获取黑白地图中坐标对应点颜色的参考程序如下。

```
BGConvert = pygame.image.load('mapConvert.jpg')
BGConvert.get_at((320-posX,240-posY))
```

如果检测到角色移动之后在黑白地图中所在的位置颜色为黑色，则让角色退回之前的位置。参考程序如下。

```python
import pygame
print(pygame.init())
screen=pygame.display.set_mode([640, 480])
background = pygame.image.load('map2.jpg')
walkImg = pygame.image.load('walk.png')
BGConvert = pygame.image.load('mapConvert.jpg')
# 创建 4 个保存角色运动图片的列表
playerWalkE=[]
playerWalkS=[]
playerWalkW=[]
playerWalkN=[]
# 通过 for 循环将动作图片添加到列表中
for i in range(0,12):
    playerWalkW.append(walkImg.subsurface((i*100, 0, 100, 100)))
    playerWalkS.append(walkImg.subsurface((i*100, 100, 100, 100)))
    playerWalkN.append(walkImg.subsurface((i*100, 200, 100, 100)))
    playerWalkE.append(walkImg.subsurface((i*100, 300, 100, 100)))
posX = 0
posY = 0
frame = 0
fps = 0
walkDir = 'S'
while True:
    screen.blit(background,(posX, posY))
    #显示角色
    if walkDir == 'S':
        screen.blit(playerWalkS[frame], (270,140))
    elif walkDir == 'E':
        screen.blit(playerWalkE[frame], (270,140))
    elif walkDir == 'W':
        screen.blit(playerWalkW[frame], (270,140))
```

```
elif walkDir == 'N':
    screen.blit(playerWalkN[frame], (270,140))
pygame.display.update()
fps += 1
if fps > 100:
    fps =  0
    frame += 1
    if frame == 12:
        frame = 0
for event in pygame.event.get():
    print(event)
    if event.type == pygame.QUIT:
        pygame.quit()
    if event.type == pygame.KEYDOWN:
        if event.key == 275:
            posX = posX - 10
            posY = posY - 5
                if BGConvert.get_at((320-posX,240-posY)) ==
(0,0,0,255):
                posX = posX + 10
                posY = posY + 5
            walkDir = 'S'
        if event.key -= 276
            posX = posX + 10
            posY = posY + 5
                if BGConvert.get_at((320-posX,240-posY)) ==
(0,0,0,255):
                posX = posX - 10
                posY = posY - 5
            walkDir = 'N'
        if event.key == 274:
            posX = posX + 10
```

```
            posY = posY - 5
                if BGConvert.get_at((320-posX,240-posY)) ==
(0,0,0,255):
                posX = posX - 10
                posY = posY + 5
            walkDir = 'W'
        if event.key == 273:
            posY = posY + 5
            posX = posX - 10
                if BGConvert.get_at((320-posX,240-posY)) ==
(0,0,0,255):
                posX = posX + 10
                posY = posY - 5
            walkDir = 'E'
```

需要注意的是，get_at() 方法返回的值还包括透明度的值，因此这里与之比较的值是（0,0,0,255）。这样就实现了地图边缘和地图中部分山丘的检测。

16.5 思维拓展

在 pygame 中，我们通常将角色、对象、物品这类独立的画面元素称为精灵（Sprite）。而且对于精灵还有一个对应的 sprite 模块，使用这个模块中的类和对象能够更方便地进行角色的处理和不同角色之间的碰撞检测。

1. 加载精灵序列图

使用精灵的话，可以将动画帧放在精灵序列图里，然后在程序中调用即可，pygame 会自动地更新动画帧。加载精灵序列图的时候要使用 load 函数，类中函数的定义如下，这里我们需要告知程序序列图的文件名、1

帧的大小以及精灵序列图里有多少列，参考程序如下。

```
def load(self, filename, width, height, columns):
    self.master_image = pygame.image.load(filename).convert_alpha()
    self.frame_width = width
    self.frame_height = height
    self.rect = self.x ,self.y,width,height
    self.columns = columns
```

2. 设置帧速率

有了精灵序列图后，可以通过定时功能来设置动画帧更新的频率。pygame 中的 time 模块的 get_ticks() 方法能够实现定时功能，格式如下。

```
ticks = pygame.time.get_ticks()
```

将变量 ticks 的值传递给 sprite 的 update 函数，这样就能够让动画按照帧的速率进行播放。设置帧速率需要启动一个定时器，并调用 tick() 函数，参考程序如下。

```
framerate = pygame.time.Clock()
framerate.tick(60)
```

3. 更新、绘制帧

更新帧和绘制帧需要分别用到 sprite 类的 update() 方法和 draw() 方法，不过由于 draw() 方法是由精灵自动调用的，所以在程序中只需处理 update() 函数即可。参考程序如下。

```
frame_x = (self.frame % self.columns) * self.frame_width
#计算单个帧左上角的 x 坐标和 y 坐标
frame_y = (self.frame // self.columns) * self.frame_height
#用帧数除以行数，再乘帧的高度
#将计算好的坐标值传递给 subsurface() 方法以截取图像的一部分
frame_x = (self.frame % self.columns) * self.frame_width
frame_y = (self.frame // self.columns) * self.frame_height
self.image = self.master_image.subsurface(( frame_x, frame_y,
```

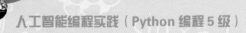

```
self.frame_width, self.frame_height ))
```

4. 精灵组

当程序中有大量精灵时，操作多个精灵可能会比较麻烦。在 pygame 的 sprite 模块中还有一个精灵组的概念。pygame 使用精灵组来管理同一类精灵的绘制和更新，使用 sprite 类的 Group() 函数可以创建一个精灵组，格式如下。

```
group = pygame.sprite.Group()
group.add(sprite_one)
```

精灵组也有对应的 update() 函数和 draw() 函数，格式如下。

```
group.update()
group.draw()
```

5. 通过 sprite 模块显示角色

通过学习，我们已经了解了什么是精灵，下面我们通过 sprite 模块显示一个"运动"的角色。"pygame.sprite.Sprite"是 pygame 精灵的基类，一般来说，都需要写一个继承于这个基类的类，参考程序如下。

```
import pygame
#定义一个继承于 Sprite 基类的类 MySprite
class MySprite(pygame.sprite.Sprite):
    def _ _init_ _(self, target,srx,sry):
        #初始化时要说明精灵显示的窗口和坐标
        pygame.sprite.Sprite._ _init_ _(self)
        self.x = srx
        self.y = sry
        self.target_surface = target
        self.image = None
        self.master_image = None
        self.rect = self.x,self.y
        self.topleft = 0,0
```

```
        self.frame = 0
        self.old _ frame = -1
        self.frame _ width = 1
        self.frame _ height = 1
        self.first _ frame = 0
        self.last _ frame = 0
        self.columns = 1
        self.last _ time = 0
    def load(self, filename, width, height, columns):
        self.master _ image = pygame.image.load(filename).convert _ alpha()
        self.frame _ width = width
        self.frame _ height = height
        self.rect = self.x,self.y,width,height
        self.columns = columns
        rect = self.master _ image.get _ rect()
        self.last _ frame = (rect.width // width) * (rect.height //
height) - 1
    def update(self, current _ time, rate=60):
        if current _ time > self.last _ time + rate:
            self.frame += 1
            if self.frame > self.last _ frame:
                self.frame = self.first _ frame
            self.last _ time = current _ time
        if self.frame != self.old _ frame:
            frame _ x = (self.frame % self.columns) * self.frame _ width
                frame _ y = (self.frame // self.columns) * self.frame _
height
                self.image = self.master _ image.subsurface(( frame _ x,
frame _ y,
self.frame _ width, self.frame _ height ))
            self.old_frame = self.frame
pygame.init()
```

```
screen = pygame.display.set_mode([640,480])
# 导入背景图片
background = pygame.image.load('map2.jpg')
framerate = pygame.time.Clock()
posX = 0
posY = 0
# 定义一个基于MySprite 类的对象player，对象在窗口中的位置为 (270,140)
player = MySprite(screen,270,140)
# 加载精灵序列图
player.load("walk.png", 100, 100, 12)
# 创建一个精灵组
group = pygame.sprite.Group()
group.add(player)
while True:
    framerate.tick(30)
    ticks = pygame.time.get_ticks()
    # 显示背景
    screen.blit(background,(posX, posY))
    group.update(ticks)
    group.draw(screen)
    pygame.display.update()
    for event in pygame.event.get():
        if event.type == pygame.QUIT:
            pygame.quit()
```

这段程序只是展示了显示角色的部分，并没有通过使用键盘控制的部分。另外，检测精灵之间的碰撞可以使用 sprite 模块提供的 spritecollide() 函数，函数格式如下。

```
spritecollide(sprite, group, dokill, collided = None)
```

这个函数的返回值是发生碰撞的精灵对象的列表。在参数中，第 1 个参数表示被检测的精灵；第 2 个参数表示一个精灵组；第 3 个参数表示是

否从组中删除检测到碰撞的精灵，True 表示删除，False 表示不删除；第 4
个参数表示一个回调函数，用于定制特殊的检测方法，如果忽略该参数，
那么默认的是检测精灵所占的矩形区域之间是否产生重叠（如果是圆形对
象的检测，就需要设置第 4 个参数）。

16.6 巩固练习

1. 填空题

（1）如果要在一张图中截取部分图案，可以使用（   ）方法，这
个方法的元组数据参数的前两个参数表示要截取部分的（   ）位置，后
两个参数表示要截取部分的（   ）。

（2）对于基于 pygame 创建的窗口，窗口的（   ）为坐标原点，即
坐标（0,0），水平方向向右为（   ）轴正方向，垂直方向向下为（   ）
轴正方向。

（3）在 pygame 中，我们可以通过（   ）来获取游戏中的事件队列，
其中，鼠标事件有 3 种，分别是（   ）、（   ）、（   ）。

2. 编写程序

在《金庸群侠传》游戏中，如果角色在大地图中到达了某个事件的地点，
那么就能够进入一个小地图，如下图所示。

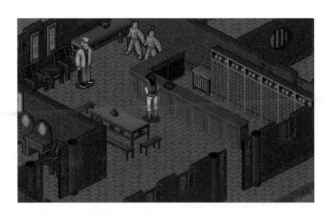

在小地图中，人物的比例比较协调，这里除了有房屋的外墙外，还有各种家具。这里的房屋和家具也能够遮挡角色，假如把角色移到墙的下面或柜子的里面，我们就能够看到角色的一部分被家具挡住了。

尝试在大地图中增加一些进入小地图的区域，当角色进入这个区域后，地图会相应地变换为该场景下的小地图中。这个区域可以通过坐标来判断，也可以通过在黑白地图中添加其他颜色块来实现，你快来试试吧。

16.7　自我评价

知识达成		☆ ☆ ☆ ☆ ☆
能力达成	巩固练习 1	☆ ☆ ☆ ☆ ☆
	巩固练习 2	☆ ☆ ☆ ☆ ☆
总评		☆ ☆ ☆ ☆ ☆

你收获了什么？

在这本书中，我们跟随小明和艾罗学习了关于 Python 的知识，在学习的过程中，你都学到了哪些知识呢？你还想继续学习哪些内容？请把你学习后的感受写下来吧！

学到的知识

还想学习的内容